点·线·面

［日］隈研吾 著

陆宇星 译

中信出版集团｜北京

图书在版编目（CIP）数据

点·线·面 / (日) 隈研吾著；陆宇星译. -- 北京:
中信出版社, 2022.6（2023.9 重印）
　ISBN 978-7-5217-4206-0

　Ⅰ.①点… Ⅱ.①隈… ②陆… Ⅲ.①建筑艺术
Ⅳ.①TU-8

中国版本图书馆CIP数据核字(2022)第057368号

TEN, SEN, MEN

by Kengo Kuma

© 2020 by Kengo Kuma

Originally published in 2020 by Iwanami Shoten, Publishers, Tokyo

This simplified Chinese edition published 2022

by CITIC Press Corporation, Beijing

by arrangement with Iwanami Shoten, Publishers, Tokyo

本书仅限中国大陆地区发行销售

点·线·面

著　　者：[日] 隈研吾
译　　者：陆宇星
出版发行：中信出版集团股份有限公司
　　　　　（北京市朝阳区东三环北路 27 号嘉铭中心　邮编　100020 ）
承　印　者：河北鹏润印刷有限公司

开　　本：787mm×1092mm　1/32　　印　　张：7.5　　字　　数：130千字
版　　次：2022年6月第1版　　　　　印　　次：2023年9月第2次印刷
京权图字：01-2022-1303
书　　号：ISBN 978-7-5217-4206-0
定　　价：88.00元

写在前面

出于对20世纪的总结和批判，我从20世纪90年代前期开始陆续写了《负建筑》（岩波书店，2004年出版）这本书。20世纪是"胜建筑"的时代，人们使用混凝土这种坚固、强硬、沉重的材料，以战胜环境为目的，批量生产着"胜建筑"。作为"胜建筑"的替代，我提出了"负建筑"的概念，意为输给环境，弱于、负于环境的建筑。

之后，我被无数次问起，那么，又该怎样去"输"，怎样去实现"负"呢？

怎样去输，怎样实现负，我想不能停留在观念的说教上，要尽可能具体地、从实践的角度去谈一谈这个问题。这样想着，我开始写这本书，然而写的过程中我又发现，不回溯到远早于20世纪的遥远的从前，"负的方法"是无法呈现出来的。

探索作品背后的方法，可以发现，文艺复兴早期的两位建筑师，布鲁内莱斯基与阿尔伯蒂，已经造就了胜负两种方法的分野。

"负"的基本方法是单位要小。然而很快我就认识到，仅仅小是不够的。"小"有各种各样的存在方式，譬如点、线、面，小石块、细木棒、一块布，等等，各种细小的东西相互嵌入、相互跳跃，它们的"负"充满生机。借助量子力学出现以后的新物理学，观察它们嵌入维度、发生跳跃的真实状况，我认识到，不考虑时间的问题是无法说明维度的转换的；同时，人类必须把自己降低到与那些小东西同样的水平面上去。

建筑的胜其实就是人类的胜，人类凌驾于物的上方，建造、使用着胜过环境的建筑。而我一直在思考民主的、向社会开放的建筑，也就是输给环境的"负建筑"；我预感到，这样的建筑可以用新物理学的方法去表达、去实现。关于这个方法，我想今后还会有许多探索，因此暂且将下文称为"方法序说"[1]。

促使我这样去思考的，是我的现实处境，有时，我不得不去做

---

1 笛卡儿的著作《方法论》（1637年），又称《谈谈方法》《方法导论》，日译版称《方法序说》。出版时的完整书名为《谈谈正确引导理性，在诸学科中寻找真理的方法》，按照笛卡儿的说法，本意是一种"方法的尝试"。作者认为本书的主旨也是不拘形式，进行一种"方法的尝试"，故借笛卡儿书名的寓意，将本书第一章也命名为《方法序说》。——译者注（如果没有特殊标示，本书页面下方出现的注释均为译者注。）

那种物理意义上的大型建筑。我想，能不能做出一种物理上很大，但存在方式上很小，能让人感受到"负"的建筑呢？如果能找到这样的方法，或许就能在不断扩张和加速的世界里，与小而缓慢的事物一起存活下去。人类这种渺小、脆弱、不可靠的存在，与同类结伴而行，或许总能够存活下去。

正是这样的境况，这样的压力，推动我执笔于本书的写作。[1]

隈研吾

2020年1月

---

1 本书中所提及的文献著作，正文中首次出现处带有记号*，可在最后的《主要参考文献》中查找出处。

目　录

面 ————————————————— 163

主要参考文献 ————————————————— 203

图版出处一览 ————————————————— 209

后记 ————————————————— 225

方法序说

20世纪是体块的时代

我最近在想，我做的事情用一句话说，就是把体块（volume）分解掉吧。把体块分解成点、线、面，才能通风透气。通风透气，人与物、人与环境、人与人才能重新建立连系[1]。

而体块，也是混凝土建筑的属性。混凝土建筑总是无意识地指向、轻易地变成一个体块。砂石、水泥灰及水混合出来的黏稠液体，干燥固化了就变成混凝土，成为一个有体量的块状体（体块）。与此相反的是，物体的另一种离散的、清爽的存在方式，即拒绝成为一个块状体，以点、线、面的方式存在。

"从混凝土到木材"是我一生都在思考的课题。20世纪简而言之就是工业化的社会，是混凝土的时代。工业社会是用混凝土这种材料实际建造出来的，也是以混凝土这种物质为表象的。

而此后我们生活的后工业社会，应该是用木头这种材料来做各种东西，并以木头为表象吧。

---

1 人、物、环境相互间的关系是作者在建筑思考中最为重视的一个环节，可以说，作者所有的建筑实践都是试图在人、物、环境之间建立起一种连接的关系，而且是一种明确、清晰到近乎具象化的连接关系。因此，本书中对此类概念的表达采取了不太常见的"连系""连结""连动"等，而不是表达抽象关联概念的"联系""联结""联动"。

这是我的预测，也是我的热切希望。也正因此，为2020年东京奥运会及残奥会建造的新国立竞技场，我采取了从全国收集木材，以手工把一个个小木件组装起来的做法。

用木材，还要尽可能避免成为封闭的体块，要营造出木材独特的离散的开放感。新国立竞技场的外墙覆盖着宽仅10.5厘米的杉木板，像点一样小、像线一样细。整个建筑很大，但眼前看到的只是细小的点和线。

到了施工现场就会明白，混凝土确实是适合制造大体块的材料。只需做好模板，往里面灌入黏糊糊的混凝土浆料，瞬间就能生成一个封闭的体块。而钢材或木材都是细长的线状材料，线与线之间会出现缝隙，要做出一个体块很费功夫，线与线需要牢固连接，缝隙也得一个一个仔细填埋。

用混凝土快速生成牢固巨大的体块，再往体块里塞入尽可能多的人，这是20世纪基本的生活方式乃至经济体制。甚至，20世纪还发明了空调，可以很方便地控制体块中空气的温度。生活在空调控制的不自然的密闭空间里，人们产生了一种幸福的错觉。

然而从前，在体块的外部，曾经有过很多种的幸福。比如在小巷里随意散步，在窗边、屋檐下躺着坐着，这些都是在体块的外部才可能发生的动人体验。可20世纪的人们把这些体块外部的快乐和舒适都丢弃了,大家关在体块里,误以为这就是幸福。

20世纪这个时代的第一要务就是扩大体块。世界规模的战争及之后的人口爆炸导致住宅紧缺,引发了大量的住宅需求,城市中心区域也需要大量的办公空间。因而快速建设大体量空间成为20世纪时代的要求。

这是一个仓促、粗糙的时代。企业以拥有巨大的办公空间为荣,个人也把拥有大体量的房子定义为幸福生活的标准。对于这个极其毛糙的时代来说,混凝土这种擅于制造体块,且工作效率很高的材料,真是再合适不过了。

进而,建筑成为可私有的买卖对象,即商品,进一步加快了体块时代的进程。那种与周边事物暧昧地连系在一起,很难把握从哪儿到哪儿是买卖对象的东西,是很难计算价格,也很难买卖的,就像云霞雾气是很难买卖的。成为一个商品的必要条件是与周边完全隔绝,成为一个封闭的体块。混凝土是没有暧昧性的,正是让建筑实现商品化、确立私有性的最佳材料。于是,20世纪成了混凝土的时代。

日本建筑的线与密斯的线

如果说混凝土适合制造三次元的体块建筑,那么日本的传统木建筑就是线的建筑,即一次元的建筑。用森林中很容易得到的3~4米长的线状木材搭出框架,其间嵌入土墙、纸门窗、隔扇等轻薄的组件,营造出透明、灵活的空间。这要比混凝土多花好几层功夫,因为要闭合线与线之间的空隙是很不容易的。事实上,日本的木建筑很难说是完全闭合的,或许可以说,只是一些线分散地悬浮在空中。这样的建筑通风透气,身体感觉很舒服。日本人不喜欢关在混凝土制造的体块里。事实上,我一走进那种混凝土做的盒子般的建筑,就会感到窒息。我的身体无法接受混凝土。

另一方面,据说20世纪建筑设计的领袖,也是混凝土建筑的领军人物勒·柯布西耶(Le Corbusier, 1887—1965年),在访问日本时看到了桂离宫,感到很厌恶,抱怨它"线条太多了"。以线与面的平衡美著称的桂离宫,在混凝土之王、体块主义者柯布西耶的眼中,只是一片繁杂。

与柯布西耶齐名的20世纪建筑设计的另一位领袖,密斯·凡·德·罗(Mies van der Rohe, 1886—1969年),与柯布西耶

图1-1 弗里德里希大街的摩天大楼方案，
密斯·凡·德·罗，1921年

形成了鲜明对比，他是一位线的建筑师。他把金
属窗框的细线与玻璃的面组合起来，创造出了玻
璃超高层建筑的原型（图1-1）。建造重复多、形态单纯的超高层
建筑，只需预先在工厂里做好钢架、门窗框这些线，以及玻璃、楼
板这些面，运到现场直接组装就可以了。这比现场浇筑混凝土容
易得多，能够比混凝土更快捷地获得大体量的体块。密斯很早就
注意到了这一点，他把线与面的优美构成（composition）发挥到
了极致，成为20世纪建筑设计的又一位领袖。事实上，超高层建
筑直到今天仍在按照线与面的组合来建造，仍在不断复制着密斯
的发明。

不过，对于我来说，密斯营造的空间还是不够舒服。虽然线是
主角，但最优先的还是如何高效地封闭空间，完全感受不到日本传
统建筑中点、线、面自由浮动的乐趣和通透。密斯的建筑也是以封
闭为最高使命的20世纪的产物。

对于我来说，待在空调打足的超高层玻璃大楼里，就像待在
监狱里一样。并不是玻璃做的就会有通透感。主导了20世纪后半
期的建筑理论，将现代主义建筑置于建筑史整体中去评说的建筑
史学家柯林·罗（Colin Rowe，1920—1999年）把营造建筑透明性

图1-2 弗斯卡利别墅（Villa Foscari "La Malcontenta"），
帕拉迪奥，1560年

的手法区分为"虚的透明性"和"实的透明性"，为20世纪的玻璃至上主义敲响了警钟。只要使用玻璃就会自动变得透明，这种单纯、朴素的透明性被他称为"实的透明性"；而即使不用玻璃，通过层状的空间构成，对存在于背后、实际看不见的空间进行暗示，这种方法被他称为"虚的透明性"，并给予了高度的评价。

作为"虚的透明性"的例子，柯林·罗提及了远早于大量使用玻璃的时代，意大利样式主义（Mannerism）时期的建筑师安德烈亚·帕拉迪奥（Andrea Palladio, 1508—1580年）的建筑（图1-2），赞美这样的空间构成暗示着深度，具有洗练的知性。

不过，就"虚的透明性"而言，没有什么能媲美日本明治以前，那些完全不使用玻璃的传统木建筑。就像十二单衣[1]那样层层叠叠的层状空间构成，再加上纸门窗、隔扇等可移动组件，这一切酝酿出来的透明感是帕拉迪奥远远不及的。

然而柯林·罗并没有提及日本。罗生活在混凝土、钢铁和玻璃的时代，这个时代以外的日本传统建筑没有进入他的视野。即便是罗这样优秀的建筑史学家，也只是在20世纪的材料限制下思考着建筑。

---

1 "十二单衣"即"十二单和服"，是日本传统女性服装最正式的一种，十二言其层数之多。

从构成的康定斯基到肌理的吉布森

那么，怎样才能从体块的世纪中摆脱出来获得自由呢？能否摆脱体块的束缚，重新置身于物质与空间的自由流动之中？为了寻找灵感，我开始挖掘点、线、面的可能性，探索分解体块的方法。

在面对点、线、面之前，我重新阅读了曾经印象深刻的康定斯基（1866—1944年）的《点·线·面——抽象艺术的基础》*（以下简称《点·线·面》）。1922年，20世纪初最先端的综合性设计教育机构包豪斯邀请画家康定斯基来校担任教学指导。用今天的眼光来看，艺术、建筑、设计界的纵向型教育是理所当然的，而包豪斯的教育方法是令人惊讶的横向型教育，其中康定斯基身上更洋溢着横贯所有领域的意气。《点·线·面》一书就是他在包豪斯传奇般的讲义的总结。

高中时代，我被《点·线·面》这个书名所吸引，拿起了这本书。当时我对绘画特别感兴趣，但与绘画相关的科学性讨论及教科书都太少了，我觉得所有的绘画论都太主观太感性，点、线、面这种冷静的数学式的分类引起了我的兴趣。

读后感未必很好。有趣的部分和无聊的部分混合在一起，我记得当时很困惑。重读之后，终于搞清楚了什么有趣，什么无趣。原来，让我感到厌烦的是康定斯基的构成主义（Constructivism）的部分，即用点、线、面这三个元素进行构成分析的那部分内容让我感到很无聊。在那部分内容中，他对构成的手法反复进行列举、分类，分析各自会带来怎样的心理效果，没完没了，让人读不下去。点和线这样构成会带来冷淡的感觉，相反那样组合会给人温暖的感觉，诸如此类，对构成与心理效果的关联性不断进行琐碎分析，而这些，我觉得都是无所谓的事情。不管构成是怎样的，也就是说，放在左边还是右边，或者放一个大的东西还是放一个小的东西，我觉得心理效果的差别几乎是没有的。我感觉，心理是被别的东西所驱动的。

20世纪初，对形态与心理的关系进行科学分析成为潮流，诞生了现象学。康定斯基在《点·线·面》中展开的构成主义的分析也在这一潮流中。这种现象学虽然力求科学，但未能找到具体的方法，终究未成气候；而詹姆斯·吉布森（James Gibson, 1904—1979年）的功能可供性（affordance）理论一经出现，便令一切疑似心理学的讨论都黯然失色。吉布森的《视觉世界的知觉》*《生态学的知觉系统——重新捕捉感性》*给现象学打上了休止符。他拒绝了"构成"这个概念，代之以"肌理"（texture）。他用实验去验证生物的心理和行动不是由环境的"构成"，而是由环境的"肌理"决定的。他不把环境看作点、线、面的一个"构成"，而看作由点、线、面制造出来的一种"肌理"，从而得以科学而深入地触摸到了世界与生物、环境与心理的关系。

吉布森与粒子

可以说，吉布森将世界从一连串的三次元体块中解放了出来。他给世界做出了新的定义——世界不是一连串的体块，而是无数的点与线的组合造成的肌理的集合体。

吉布森之所以能做到这一点，一方面是他作为一名心理学家开始了他的研究，却对心理学的模糊性感到不满，于是涉入生物学，试图以生物的身体为基础，把握生物认知环境的真实机制。他的研究深入到了生物视网膜的构造，终于将"肌理"这个模糊的概念科学化地呈现了出来。

另一方面，吉布森还有一个决定性的体验。第二次世界大战期间，吉布森在空军服役，参与了飞行员的选拔和训练。通过研究在三次元空间中高速移动的飞行员的身体是如何感知空间和距离的，吉布森发现了身体与空间建立连系的科学方程式。他发现，飞行员是利用肌理来测定距离和速度的。

吉布森首先关注的是，人类是如何测量空间的深度及与对象之间的距离的。通常认为，人类是通过左右眼视差产生的立体视觉来测量自己与对象之间的距离的，但是高速移动的飞行员并不能运用立体视觉。吉布森的发现是，人类其实是利用存在于空间里的点和线来测定空间的深度，计算自己移动的速度，并测算自己与对象之间的距离的。

因此，如果空间里没有点、线等粒子的存在，人类就会感到不安。不只是人类，所有的生物都无法生活在没有粒子的世界里。因为如果周围没有粒子的话，生物与世界就无法建立起连接。生物需要粒子的存在。

所谓环境，不是点、线、面的一个"构成"，而是点、线、面制造出来的一种"肌理"，吉布森启发了我的思考。"肌理"这个概念，使得点、线、面在我眼前呈现出了与以往构成主义所描述的完全不同的姿态。

与此完全相反的是，20世纪初出现的现代主义建筑不认可粒子的价值，一味地指向被称为"白立方"或"白盒子"（White

Cube）的白色抽象空间。如果被扔进这样的空间，生物是无法生存的。事实上，现代主义建筑所追求的白色空间里也散布着家具、照明器具、小物件等各种粒子，如此人类才得以在现代主义建筑中存活下来。

理智主义VS达达主义

与吉布森的相遇，让我找到了自己对艺术中的构成主义感到违和的原因。

人们常说，20世纪初，艺术经历了两场革命。一场是形态的革命——立体主义，另一场是色彩的革命——野兽派。

经过这两场革命，过去艺术所有的规则都被破坏了，艺术家获得了完全的自由。但是在立体主义革命之后，其主导者毕加索（1881—1973年）和勃拉克（1882—1963年）止步于具象，并没有走向抽象。因为毕加索和勃拉克都察觉到，一旦脱离了具体对象的限制，将会出现怎样的混乱与荒芜。

一切革命之后，理智主义[1]的傲慢就会以"构成"之名登场。无

---

1 原文为日语的"主知主义"。主知主义（Intellectualism），又称知性主义，中文通常译为理智主义，有些领域也译作唯智主义、唯智论。

论是艺术上的革命，还是政治上的革命，作为革命胜利者的新精英都会陷入冠名为"构成"的理智主义的傲慢。新精英总是试图通过上层（meta）特权主体主导的"构成＝计划"来支配世界。在政治、经济领域，理智主义被称为"计划"。苏联曾经就是计划经济的试验场。

毕加索及勃拉克正是察觉到了这种"来自上层"的，被称为"构成/计划"的方法的荒诞，停留在了具象。

就在构成主义诞生的同一时期，艺术界还发生了达达主义运动。一直以来，达达主义被认为是第一次世界大战带来的虚无情绪引发的对既有常识的批判与破坏，被视为一种虚无主义艺术运动。

然而，达达主义的本质是反理智主义、反构成主义。达达主义批判特权主体自上而下的视角，批判理智主义对下层进行构成、计划的行为。达达主义对偶然性的推崇正是这种批判的体现。对偶然性的尊重，并不是破坏主义，是对自由流动的时间致以敬意。与其说是虚无主义，不如说是以地面的视角，诚实地对待眼前的物质和时间。因此，达达主义偏爱日用品和手工艺，关注艺术上容易被视为下等的舞蹈、影像等应用艺术。我之所以对康定斯基的《点·线·面》中占了一半篇幅的构成主义内容感到违和，对同时代

图1-3 《构成VIII》,康定斯基,1923年

的达达主义产生共鸣,正是出于对达达主义视角的地面性及即物性的赞同。

不过另一方面,重读康定斯基的著作,也有许多超越构成主义、理智主义的新鲜观点。比如,点、线、面的分类本身就是相对的,并没有绝对的区分。被认为是点的东西,在某个时刻突然作为线或面出现;应该是面的东西,在别的瞬间也可能作为点出现。

再比如,康定斯基认为建筑、绘画、音乐这种分类本身是流动的,认为它们是相互嵌入的关系。他宣称,艺术分类本身是不存在的。在《点·线·面》的另一半内容中,他自由地横跨着过去的纵向分割,天马行空地打破着领域的界限。

而包豪斯这个被称为领域突破圣地的先端教育机构,与达达主义也有着很深的关联。

对包豪斯有着重要影响的建筑师特奥·凡·杜斯伯格(Theo van Doesburg, 1883—1931年)与达达主义关系密切,他说,"我散布着名为新精神的毒药",摆出一副与功能主义大本营包豪斯格格不入的伪恶姿态。包豪斯1919年诞生于德国魏玛,而达达主义运动诞生于瑞士苏黎世,之后运动中心也转移到了魏玛。在那里,达达主义者们终日沉溺在酒精和无调性的音乐里。可以说,包豪斯是在近在咫尺的达达主义的影响下，获得了打破领域的自由。

从作为运动的时间，到作为物质的时间

康定斯基认为，绘画是空间的艺术、音乐是时间的艺术这种通俗的认识完全是错觉。在他看来，二者都可以适用点（音符）、线、面这种语言，从中得到的经验可以进行同等的科学分析（图1-3）。

康定斯基并不是第一个指出音乐与建筑具有亲密关系的人。最早是德国观念论的代表哲学家弗里德里希·谢林（1775—1854年）提出了"建筑是空间的音乐"这个定义，对此，歌德（1749—1832年）评论说，"可以称建筑为无声的声音艺术"，从此有了"声音艺术"这个颇有意味的说法。

在日本，费诺罗萨（1853—1908年）将药师寺东塔评价为"冻住的音乐"。费诺罗萨是最早推崇日本美术的欧洲人之一，他的父亲是一位西班牙音乐家，作为驻军舰的钢琴师去了美国，因此费诺罗萨与音乐是很亲近的。这些前人的美丽描述，似乎指出了建筑与音乐的亲密关系，然而在我看来，这其实是强调了它们的对照性，即，音乐是随着时间的流逝而消失的东西，而建筑是被冻结的，是不会流逝的固定的东西。

而康定斯基认为，建筑完全不是固定的，是流动的、现象性的一种存在，音乐与建筑之间没有根本性的区别。点、线、面这种横跨艺术各个领域的共通概念的发现为康定斯基的领域破坏点燃了导火索。点、线、面成了打破各种领域壁垒的工具。

　　康定斯基横跨各领域的分析进一步延伸到了版画的修改问题。所谓修改，就是对过去做过的东西进行修改，是时间轴上的加法行为。康定斯基把焦点放在修改这个行为上，在版画这个平面艺术中成功地插入了时间元素。时间，是第四次元的东西，康定斯基给二次元艺术的版画叠加了第四次元，即时间轴的元素。版画原本是平面艺术中的一个小门类、一个配角，因为康定斯基，突然开放在了时间流动的宏大世界、宇宙之中，令读者惊愕不已。

　　具体来说，康定斯基通过插入时间轴，揭示了铜版、木版、石版（lithograph）的本质区别。他描述了物质（金属、木、石、水、油）与时间的关系：铜版画基本是不可修改的；木版画可以有限修改；而石版画的创作是不损伤石版直接涂抹油性颜料，利用水油相斥的原理来完成的，因此可以无限制、自由地修改。康定斯基之所以能够把物质与时间成功地缝合在一起，正是因为他本身就是一位版画的实际创作者。

大部分美术评论家看到完成后"死亡了的"作品，会讨论其中的构成，讨论作品描绘的"对象"和"时间"。比如他们会说，这幅画描绘的是秋天的黄昏。但是对于实际的创作者来说，时间并不是作品中描绘的对象，创作这件事本身才是对时间的介入，一种对时间充满紧张感的介入。

　　换句话说，创作者是活在"创作"这个"活的过程"中的。正因为康定斯基是一位实际的创作者，他才能够凭借版画这种不起眼的二次元作品，来记叙创作者对时间的各种介入是什么样子的。对于创作者来说，版画并不是死去的作品，是与创作者一起永久存活在时间中的。

　　把注意力转向创作流程的瞬间，时间这个意外的东西就被召唤了出来。也就是说，当我们把目光投向版画制作的现场时，物质这种极其实在、接地气的东西，就与时间这种无形的、宇宙性的东西结合了起来。铜版、木版、石版这三种媒介，与作为物质的金属、木、石深刻关联着，每一种物质，经过各自特别的程序，与时间发生着关系。

　　从而我们得知，时间中有物质，物质中有时间。时间中的物质、物质中的时间，这个思路为建筑设计打开了一个以往不存在的全新的视角，令我看到了一种可着手之处。我预感到，时间这个概念会以一种与以往完全不同的形式出现在建筑领域里。

计算机设计与加法的设计

康定斯基在版画中发现的多重时间概念，对思考后工业社会的新的设计方法，即使用计算机进行参数设计的本质，也有着重要启发。

1990年以后，关于计算机如何改变建筑设计、改变人与建筑的关系的讨论在建筑界掀起热潮，成为建筑理论研究的中心议题。新技术催生新设计，刷新了建筑史。从古至今，新技术总会开创出新的建筑。

20世纪的现代主义建筑是钢铁与混凝土的大跨度结构这一新技术的产物，那么，计算机技术又会带来怎样的建筑设计呢？建筑史学家马里奥·卡尔波（Mario Carpo，1958年—　）把计算机设计（computational design）与文艺复兴以后的各种设计手法进行比较，做出了大胆的分析。他洞察到，计算机设计的出现，使建筑设计从"减法的设计"急遽转换到了"加法的设计"。在《字母和算法 基于表记法的建筑——从文艺复兴到数字革命》[*]一书中，卡

图1-4 卡迪夫海湾歌剧院竞赛方案，
格雷戈·林恩，1994年

尔波指出，计算机设计不仅仅是改变了图纸（drawing）的绘制方法，还促进了图纸与建造（fabrication）的统合。即过去图纸的绘制与施工是分离的，而现在，通过电脑，二者转换成了一个连续的流程——一个连续绘制、连续建造的无缝连接的流程。如今，建筑已经不是一个完结的作品，而是一个不断变更、不断修改的系统，卡尔波将之命名为"加法的设计"。

正如康定斯基指出石版画是永远可以修改、不断添加的；卡尔波指出，计算机使永远的加法成为可能。也就是说，计算机把建筑从无法修改的铜版画转换成了一个可以永久持续修改的系统，即作为石头与水、油对话产物的石版画系统。

卡尔波把莱昂·巴蒂斯塔·阿尔伯蒂（Leon Battista Alberti，1404—1472年）以前，也就是文艺复兴以前的建筑，也归纳为加法的建筑。委托人、包工头及工匠共同参与，持续建造、修改着建筑。之后，那个松散的世界里出现了一位革命性的建筑师——阿尔伯蒂，从此建筑的方法彻底改变了。阿尔伯蒂是文艺复兴早期的代表建筑师，也是建筑理论家，他引进了新的方法——减法，而竣工后不允许修改的"作者＝艺术家"，这个作为"绝对者"的角色也随之诞生了。

图1-5 1938年的幻影海盗船
（Phantom Corsair）

　　卡尔波指出，由于这种转变，建筑失去了原本的自由，变成了无法变通的僵硬体系，只能去实现作为绝对者的建筑师所描绘的图纸。他认为，现在计算机终于打破了阿尔伯蒂之后漫长的不自由的历史。在阿尔伯蒂之前，画图的人与建造的人（工匠）不是分离的，也不是对立的，建筑被松散而持续地建造着、修改着。这种人与各种物之间的浓密的对话、一体感，将因计算机而复活。卡尔波做出了这样的预言。

　　卡尔波进而回顾了计算机设计诞生以来的演变。建筑领域引进计算机，一开始并不是为了做加法的设计。20世纪90年代初，计算机被引进建筑设计领域，开始有了参数设计（parametric design）这个说法。当时，计算机只是一种能够创造弯弯扭扭的新奇形态的机器。20世纪90年代以前，要描画那种复杂的形态是非常费时费力的。计算机是为了实现那种"梦幻的形态"而被引进的一种方便的画图机器。

　　从这个意义上，卡尔波对20世纪90年代前半期那种以标新立异的形态为特征的计算机设计（图1-4）做了一个有些苛刻的概括，认为那些只是30年代美国流行的流线型设计（图1-5）的复刻版。

　　1995年以后，在IT领域，人们对互联网的关注高涨，同时计算机设计也突入了第二阶段，业内的关注从新奇的形态转移到了建造的过程。画图与建造的界限消失，大家开始关注竣工后还能不断变化的建筑。卡尔波把这个阶段称为计算机设计的第二阶段。

关于卡尔波的两阶段论，考察其背景，可以发现建筑史学家雷纳·班纳姆（Reyner Banham, 1922—1988年）的名著《第一机器时代的理论与设计》*（1960年）的身影。书中雷纳·班纳姆对19世纪到20世纪人类与机器的关系进行了概括，指出火车、汽车等第一代机器和收音机、电视机与其他家电等第二代机器之间有着质的差异，其差异性对当时的建筑设计也带来了巨大影响。卡尔波从中得到了启发，发现计算机的时代也有两个阶段。

要想实现计算机设计第二阶段的目标，即加法时代所追求的永远的修改，混凝土这种一旦固化成形就无法修改的材料是完全不适合的。混凝土就此失去了建筑设计的核心地位，而由小组件集合而成的粒子式的建筑开始受到关注。在这方面，卡尔波对我有一番期许，说我就是这一新浪潮的核心人物之一。

卡尔波指出，计算机设计的本质不是形态的革命，而是时间的革命。这个观点很值得思考。形态优先于一切的想法是阿尔伯蒂式的，是近现代的产物。阿尔伯蒂撰写的《建筑论》（1485年）被称为文艺复兴最初的建筑理论著作,这本书对后来的建筑界产生了很大的影响,就如同笛卡儿的《方法序说》(1637年)在哲学界所产生的影响一样。阿尔伯蒂把形态与时间分离了开来。施工行为(工程)与时间是难以拆分的,而设计行为是不必考虑时间也能成立的,把二者分离开来,是对施工的轻视,也是让设计者(建筑师)变成绝对化的存在。《建筑论》在形态这个隔绝的世界里,建立起纯粹的理论,因其纯粹性,获得了教科书般的普遍性,而建筑师也在建筑的世界里获得了绝对者的地位。

然而今天,形态的设计论正在逐渐转向时间的设计论。在流动的时间里,建筑师变得相对化,我们正在逐渐回归这样一个世界观:物质也好,人也好,一切都是飘浮在时间里的粒子。从这个意义上来说,本书既是在探讨如何分解体块的方法,也是在提出如何让建筑师这个存在解体的方法。卡尔波的设计理论以时间为轴,力图回到阿尔伯蒂之前的时代,关于这一点,其实已经被康定斯基的版画论抢先了一步。

布鲁诺·拉图尔与摄影枪

我的设计方法是加法式的,这在我与法国人类学家、哲学家

图1-6 马雷在1882年前后用摄影枪
拍到的飞翔的鹈鹕

布鲁诺·拉图尔（Bruno Latour, 1947年— ）之间也有过讨论。

拉图尔因提出了行为者网络理论（actor-network-theory, 简称ANT）而为人所知, 这其实是提示了一种新的世界观。拉图尔的上一代的哲学家, 以福柯（1926—1984年）、德里达（1930—2004年）、德勒兹（1925—1995年）为代表的解构主义哲学家曾试图瓦解特权主体（subject）；然而拉图尔认为他们尽管对主体的特权性、独善性进行了批判, 仍然没有脱离西方哲学人类中心主义的基本形态, 因为他们始终只看到了人。

拉图尔的学说认为, 人类是与各种各样的物一起生活, 与物协动, 使世界运转起来的。他把所有这些人与物都称为"行为者"（actor）。ANT的要点是, 人与物之间没有上下之分, 全都是运转世界的行为者。比如, 我们使用工具这种物, 加工材料这种物的时候, 我们与物之间不存在上下关系。拉图尔说, 我们不只是在使用物, 还被物告知以某些信息, 从物得到某些指示。比如我们用锯子锯木头的时候, 我们是一边被木头告知它的硬度和黏性一边锯的, 人和锯子都是网络中的一个元素。

有一天, 拉图尔的学生索菲·乌达尔（1971年— ）来到我的办公室, 提出要对我设计建筑的过程进行研究。借此我与拉图尔开始了交流。

拉图尔以前研究过雷姆·库哈斯事务所的工作方法，与弟子阿尔伯纳·亚内瓦联名撰写了《给我一把枪，我会让所有的建筑动起来——从ANT的视角看建筑》*（*Give Me a Gun and I will Make All Buildings Move: an ANT's View of Architecture*，2008年）。这里ANT指行为者网络理论，也意味着蚂蚁（ant）。不是从宏观的、俯瞰的视角，而是从微观的视角、用地面上的蚂蚁的眼睛，来观察建筑形成的过程。

解构主义的哲学家说，建筑是庞大而固定的，是一种乏味的存在。由特权主体设计的庞大、无法移动的建筑体块成为解构主义哲学批判的目标。然而拉图尔他们却发现，从蚂蚁的视角观察建筑，建筑一点也不是固定的。他们把蚂蚁的眼睛比喻为法国生理学家艾蒂安–朱尔斯·马雷（Étienne-Jules Marey，1830—1904年）发明的摄影枪（图1–6）。用摄影枪拍出来的照片，原本在动的东西，感觉像是静止了；蚂蚁的眼睛则相反，它会把静止的建筑看成不断运动、变化的东西。所以拉图尔文章的题目用了"Give Me a Gun"，意思是给我一把（与摄影枪功能相反的）新的枪，让它成为建筑再发现的工具。

索菲·乌达尔花了一年时间在我们事务所,像蚂蚁一样观察我们的设计过程,然后写了一本书——《细小的节奏——人类学家的"隈研吾"论》[*]。在我们事务所,模型、材料样品、CAD、美工刀等物品,与工作人员、外部工程师以及合作事务所、施工单位的人结成紧密的网络,建筑被设计出来、建造出来,竣工后也持续变化着,这一切,索菲用蚂蚁的眼睛进行了观察,并做出了报告。

索菲发现,我们做的建筑一点也不是固定的,也就是说,我们的建筑是一个不断添加各种东西的场所,是细小的粒子不断流动的场所。拉图尔和索菲的蚂蚁之眼,为时间与建筑的关系、人与物与建筑的关系打开了新的视野。

建筑与时间

时间与空间的连接这个主题在以往的建筑论中也很有魅力,曾被反复讨论过。最有代表性的是与康定斯基同一时期,见证了20世纪现代主义诞生的瑞士建筑史学家希格弗莱德·吉迪恩(Sigfried Giedion, 1888—1968年)的著作,《空间·时间·建筑》[*]。吉迪恩的著作在当时得到了很高的评价,甚至被誉为现代主义建筑的"圣经"。20世纪初,空间与时间的整合在文化、艺术

图1-9 《下楼梯的裸女，No.2》，
杜尚，1912年

领域是一股热潮、一种流行，可以说，吉迪恩是因此被过高评价了的。

起因是爱因斯坦（1879—1955年）。爱因斯坦在物理学上完成了空间与时间的统合理论，影响波及艺术界，催生了立体主义及超现实主义流派，画家们都试图将不同的时间表现在同一个平面上。而在建筑界，柯布西耶在其代表作萨伏伊别墅（1931年）的中心部位插入了立体的回游空间，称之为"建筑化的坡道"（图1-7、图1-8），并宣称这正是空间与时间结合的样本。吉迪恩更进一步夸张地向世界宣告，说现代主义建筑成功地将时间与空间结合了起来。

事实上，柯布西耶还曾特意邀请爱因斯坦去萨伏伊别墅参观。这段令人会心一笑的逸事也让我们感受到，当时爱因斯坦不仅是在科学界，而且在艺术的世界里也拥有巨大的影响力。吉迪恩与爱因斯坦、柯布西耶一样，也是瑞士人，在他巧妙的论述中，现代主义建筑的背后仿佛存在着爱因斯坦的物理学。然而，吉迪恩的逻辑是幼稚的。按照他的逻辑，像萨伏伊别墅那样，让斜坡、楼梯这些用于移动的装置成为挑空空间的主角，加以强调，空间与时间就结合起来了。这种说法似曾相识。立体主义的绘画（图1-9）就是这样说的，把运动中的人或物重叠画在一个画面上，时间与空间就结合起来了。吉迪恩只是将这样的说法应用到了建筑上。

这种论调在20世纪初大受欢迎，反过来说，也告诉我们当时的人们对运动是多么的狂热。汽车、飞机的出现，以从未体验过的速度运动，让普通人和艺术家都感到震撼。时间就是物体的运动，根本顾不上去思考除此之外时间还有怎样的表现方式、怎样的存在状态。与20世纪初"运动＝时间"的论调相比，康定斯基的版画理论的视角是独特的，它的射程超越了汽车飞机所触发的浅薄流行，直达今天。

把时间从运动中解放出来

关于康定斯基，简而言之就是他把时间从运动中解放了出来。在版画制作的现场，他仔细倾听了物质与时间及作者之间的对话，结果，时间以意想不到的方式出现在了他的面前。

我也曾想过，我能否像康定斯基那样，不断与各种各样的物质对话，观察物质是如何在时间中流动的，时间是如何影响物质的；我能否在这样的日复一日中，编织出新的时间理论？

在我看来，时间不是单纯的运动，是内藏在所有物质之中的存

图1-10 昌迪加尔的州议事堂，勒·柯布西耶，1962年

在。通过物质，宇宙与时间连接在一起，难以分离。树木、石头等具体的物质，作为时间的函数飘浮在空间里。这似乎是一个微不足道的发现，却是一个射程能够触及宇宙的重要发现。

而柯布西耶完全没有把物质与时间联系起来的想法。对柯布西耶来说，物质只是某种幕后的材料，是用来制造抽象的白盒子的。他认为只要生成诱发运动的白盒子，物体就会在白盒子里按照运动定律运动起来。和大多数同时代的人一样，对他来说，运动就是时间。因此，他把萨伏伊别墅中心的坡道做成了一个象征运动的白色背景、白色空洞。

萨伏伊别墅背后的这种时间认识，与其说是爱因斯坦，不如说是很久以前的艾萨克·牛顿（1642—1727年）的时间认识。牛顿发现物体在抽象的空间里会按照运动定律运动，从而改变了世界。然而那是17世纪的事情了，爱因斯坦否定了牛顿，而柯布西耶及现代主义建筑都没有达到爱因斯坦的高度，更不必说爱因斯坦之后的量子物理学的世界，那是柯布西耶的想象力根本无法触及的。

不过，为了柯布西耶的名誉，我想补充一句，准确地说，应该是"早期的柯布西耶"处于牛顿力学的水平。萨伏伊别墅是柯布西耶早期的代表作，而拉图雷特修道院（1959年）、朗香教堂（1955

图1-11 杭州灵隐寺山门的屋檐
图1-12 上海龙华塔，15世纪

年）等柯布西耶晚期的作品已经不再追求抽象的白色空洞。晚期柯布西耶的混凝土有着粗糙不均匀的肌理，已经不仅仅是一个背景。那是一种有表达、有着自我觉醒的物质；是会风化、会腐败的物质；是与时间共存，内含着过去的时间、未来的时间的，深刻而丰富的物质。

我猜想，他获得这种物质观的重要契机是与印度的相遇。1951年开始，柯布西耶参与了印度昌迪加尔的城市规划工作，在印度的红土地上，他遇见了新的混凝土、新的物质。不听话不能随心所欲的混凝土、粗糙不均匀的混凝土，那些他从前不了解的混凝土。在印度，与印度的物质相遇，他也发现了内藏在物质中的时间（图1-10）。印度的柯布西耶对我寻找建筑理想的存在方式、建筑与时间的关联方式，带来了很大的启发。

康定斯基的维度超越与嵌入

在柯布西耶与印度相遇的很久以前，康定斯基就想要消除时间、物质和空间的界限。不仅如此，他还试图消除点、线、面、体块这种分类的界限。他一方面按照点、线、面、体块的类别观察着世界，同时宣布这四种分类本身是无效的。

对于我来说，最新鲜的是康定斯基对欧洲中世纪哥特式建筑的看法。康定斯基认为，看上去是一个体块的哥特式建筑，实际上却是指向点的"点的建筑"。按他的说法，哥特式建筑中有一种简短、简洁的"叮"的音色，表现的是空间形态消解在建筑周围的大气中，失去其余韵的那个过渡的一瞬间。

同样，中国传统建筑独特的翘起的屋檐，康定斯基认为也是即将消失在空中的点（图1-11、图1-12）。长期以来我一直有一个疑问，为什么中国传统建筑会有那种近乎不自然的反挑呢？康定斯基给了我一个很精彩的解答。中国的屋顶飞挑起来是为了融入到天空中去——从这个意义上说，中国的屋顶与柯布西耶建筑的底层悬空有着同样的悬浮愿望。

康定斯基的分析的前提是对次元，即维度（如点、线、面、时间）这种框架的否定，这完全破坏了用维度的框架来理解世界的通俗思维。

而量子物理学已经在实践同样的破坏。就像柯布西耶和吉迪恩试图追随爱因斯坦，我也将目光投向了新物理学。我发现，那里充满了理解世界的自由工具。凭借这些工具，是否能给牛顿力学世界观支配的现代主义建筑打开一个通风口呢？

量子物理学最大的难题之一是远超三维的多维度的存在。量子物理学告诉我们，如果不假定日常感觉无法想象的多维度是存在的，就无法解释宇宙的各种现象。比如，没有十维的前提，就无法阐述宇宙。在定义空间的九维的基础上，再加上时间的一维，就是十维，如果不以十维来定义世界，就无法解释宇宙的各种现象。通常的三维空间以外，宇宙中还嵌入了六个额外的维度，这究竟是怎么一回事呢？超越我们日常知觉的九维空间，究竟应该如何理解呢？

主导基本粒子理论的物理学家大栗博司（1962年—　　）用水管、蚂蚁和鸟的比喻简单说明了维度的嵌入。"想象一下蚂蚁在庭院里洒水用的水管上爬行，对蚂蚁来说，水管的表面是一个可以横着爬也可以竖着爬的二维空间。但是（中略）不知从哪里飞来一只鸟，停在了水管上，会怎么样呢？鸟的脚比水管的直径还大，它只能沿着水管纵向移动。（中略）也就是说，对蚂蚁来说是二维空间的水管，对鸟来说只能看成一维空间。只能在一维的水管上纵向移动的鸟，感受不到额外的横向维度。"（《重力是什么——从爱因斯坦到超弦理论，走近宇宙之谜》[*]）

相对的世界与有效理论

所谓维度，是可以像这样自由嵌入的，大栗用一个日常的场景精彩地说明了这一点。换而言之，因为主体（鸟）与客体（水管）之间的距离、尺度的差异，维度会发生相对的变化，这是量子物理学给出的新的维度观。

物理学用"有效理论"这个概念来说明这种相对的世界观。所有的理论都只在一定尺度的框架内有效；所有的理论、定律都只在一定尺度内成立，都是有限的、相对的。这样的想法被量子力学之后的物理学称为有效理论。在我们的身边，在今天仍然普遍存在的日常尺度、日常速度的空间里，牛顿定律仍然是能够充分发挥作用的有效理论。爱因斯坦的出现，或者量子力学的出现，并不意味着牛顿力学在一定的尺度范围内也失去了有效性。

量子物理学不仅仅是带来了新的世界观。我认为，把量子物理学的世界观本身也看作一种有限的有效理论，这种相对的世界观才是量子力学出现之后的物理学达成的最大成就。

更准确地说，有效理论强调的不是相对地，而是要多层次地把握世界。说到相对，给人的印象是几个系统在一个平面上并列地排成一排。而现代物理学有效理论的思路是，多个有效的理论不是并列的，是多层重叠的。它强调的与其说是世界的相对性，不如说是多层次的重叠性。

与有效理论密切相关的相对世界观，也完美呼应着作为建筑师的我们今天所面对的空间尺度急剧扩大化、多样化的现象。我也试图凭借有效理论去把握世界，去进行设计活动。可以观察到极小粒子的世界，也可以观察到极大宇宙的尽头，物理学发生了质的转变，同样的尺度变换也正发生在建筑的世界中。我想在本书中寻找一种新的理论工具，来揭示这个极大与极小并存的新环境。

建筑的扩大

19世纪以前的建筑师，是以M号的建筑，即中等尺度的建筑为工作对象的。在19世纪以前，也就是钢铁与混凝土成为建筑的主角之前，能够建造的建筑大小是有限的。无论是木结构的，还是砖石砌体结构的，能够建造的建筑大小都是有限的，建筑师只能在这个有限的范围内建造中等尺度的M号建筑。建筑就是M号的物体，M号以外的建筑是不可能的。

这里没有S，一开始就是M，是有原因的。S是指小尺度的民居、村落，那是"建筑"这个概念出现以前的事物。民居不需要建筑

图1-13 Nexus World中雷姆·库哈斯设计的建筑，1991年

师这种拥有特权的设计者。只有当建筑进化到了M号，建筑师才会出现，建筑理论才会出现。文艺复兴以后，也就是阿尔伯蒂以后，建筑与绘画、雕塑、音乐一起，被视为构成文化的重要领域，那个时候人们论及的所谓建筑，不是S号建筑，而是M号建筑。事实上，文艺复兴的建筑师们在对建筑进行思考的一开始就略过了S号的民居和村落。

而所谓M号的建筑，其实就是多个被称为房间的空洞所组成的集合体。如何排列、如何组合房间，给组合后的整体赋予怎样的轮廓和皮肤，这样的思考被称为建筑设计。

"M号的建筑"是雷姆·库哈斯（Rem Koolhaas, 1944年—　）在著作*S, M, L, XL*[*]中提出的概念。不可思议的是，在这本书出版之前，建筑界从没有过关于尺度问题的真正思考。因为受技术、经济的制约，建筑本来就是以M号为大前提的，L或XL号的建筑是在设想之外的，而S号，也是在建筑师的视野之外的。雷姆·库哈斯是对这个大前提崩塌后建筑的存在方式进行了思考的最初的建筑师。我猜想，库哈斯这个思考的契机来自他在日本、中国等亚洲国家的工作经历。

金融资本主义的XL号建筑

库哈斯遇到的日本是20世纪80年代泡沫经济时期的日本。他受邀来到那个特殊的时代、特殊的场地，参与了当时欧洲无法想象的异想天开的建筑项目。被突然到来的金融资本主义所摆布的泡沫经济时代的日本，当时正经历着脱离世界常识的经济规模和发展速度。在对新经济毫无抵抗力的状态中，日本出现了无数天真梦幻的建筑项目。其中就有矶崎新（1931年— ）担任总策划，由意气昂扬的开发商与来自世界各地的建筑师团队携手打造的集合住宅项目"福冈Nexus World"（图1-13），库哈斯也受到了召唤。在亚洲这个从前的常识不再行得通的全新地带，库哈斯切身感受到M号建筑的时代结束了，XL号建筑的时代正在开始。

库哈斯原本就对金融资本主义时代的新建筑抱有兴趣。如果说产业资本主义建筑的冠军是勒·柯布西耶，那么库哈斯从他职业生涯的一开始就是以金融资本主义建筑的冠军为目标的。他从帝国大厦（1931年）、克莱斯勒大厦（1930年）、下城体育俱乐部（1930年）等一系列筹建于世界经济危机前夕的异想天开的建筑中，寻找后资本主义时代的建筑灵感；他撰写了《癫狂的纽约》*，华丽地登上了世界建筑舞台。库哈斯发现，被金融资本主义支配的当代这个时代的灵感，就在20世纪那场世界经济危机之前的纽约。

扎哈·哈迪德（Zaha Hadid, 1950—2016年）是与库哈斯一起在伦敦AA学院学习的朋友，也是库哈斯创建的OMA事务所的创始成员之一。与库哈斯一样，她也从世界经济危机前的装饰主义（Art Deco）建筑中获得了很多灵感，最终成为20世纪90年代以后金融资本主义建筑的女王。她也是东京新国立竞技场第一轮竞赛的优胜者。

当记者问："如果你要带一本书去无人岛，你会带什么书去？"扎哈的回答是，"《癫狂的纽约》"。这个回答透露出扎哈与库哈斯之间，以及二人与金融资本主义之间的关系。

20世纪20年代，在世界经济危机之前的纽约，金融资本主义也曾开出过一朵奇花，那就是库哈斯在《癫狂的纽约》中提到的装饰主义建筑。股价及房地产价格暴涨，建筑师醉心于创造形态奇异、功能梦幻的庞大建筑。然而很快，美丽的花朵在1929年的大萧条中悲惨地凋谢，随之到来的是稳健而勤勉的产业资本主义时代。而产业资本主义建筑的冠军正是混凝土的柯布西耶与钢结构的密斯。

库哈斯在20世纪20年代世界经济危机之前的那些谎花[1]般的

---

1 "谎花"指只开花不能结果的花。

建筑中，发现了《广场协议》（1985年）之后金融资本主义时代的建筑灵感。他撰写了《癫狂的纽约》，他预测到，产业资本主义静滞的体系已经无法支撑这个庞大、扩张的世界，于是将目光投向了20世纪20年代。经济的数字化和网络化让金融资本主义像僵尸一样复活了，库哈斯、扎哈他们已经预知，唯有委身于这具僵尸，才能支撑这个膨胀的世界。他们发现了与僵尸复活的金融资本主义最契合的建筑风格，成了时代的宠儿。泡沫经济时期的日本、后来的中国，以及亚洲其他国家庞大而疯狂的建筑项目，启发了库哈斯的灵感，促使他撰写了 *S, M, L, XL*，也将库哈斯们推上了20世纪末明星的宝座。

而我，也不得不去思考，从S到XL，这个跨尺度的膨胀世界，它的未来应该是怎样的。然而我不希望像库哈斯那样悲观、伪恶地描绘这个膨胀世界的未来，我想用量子力学的、有效理论的方法来获取答案。我们需要伴随着环境存活下去，不能像库哈斯那样只是伪恶地嘲笑着理智主义方法的失败。

伪恶是无果的荒芜，是对现实的逃避。与现实的物质和时间共同流动的、柔软的达达主义才是我们今天所需要的。

建筑的膨胀与新物理学

牛顿的物理学伴随了从文艺复兴时代的M号建筑向工业革命时代的L号建筑的跳跃。从历史上看，牛顿物理学也正是工业革命的导火线，而工业革命引起了建筑从M号向L号的转换。为伦敦世博会建造的水晶宫（1851年，参见图2-24）正是这一转换的象征。当时普遍认为，建筑只能是M号的，在人们眼里，水晶宫根本不像是一个建筑，不过是铁柱、玻璃框架等工业零件胡乱组装起来的一个空洞。建筑原本是一些小房间的集合体，因为混凝土和钢铁的应用，出现了没有柱子的高大空间。就这样，建筑违背了建筑师们的意愿，从M号转换成了L号。

牛顿物理学的基本理论是，在空荡荡的抽象空间里，物体或人会按照牛顿定律运动。物体或人在混凝土和钢铁做成的抽象化的大空间里自由运动的样子，正是牛顿物理学的演示。从拉图尔所提倡的ANT的新视角来看，物体或人在抽象空间里移动的景象，与欧洲的人类中心主义思想密切相关。ANT批判那种仅仅作为运动背景的、空荡荡的抽象化空间，认为那是一种虚构。ANT认为，人与物之间是相互纠缠、相互影响着，形成一个运动定律无法描述的复杂的网络，这个网络才是世界的真实状态。

柯布西耶为了象征运动，特意在萨伏伊别墅中设计了一个名为"建筑化的坡道"的挑空空间，在我看来，那正是一个朴素的、牧歌式的M号建筑。萨伏伊别墅之后，随着电梯、自动扶梯等20世纪初的新技术的普及，作为运动容器的空洞变得更加巨大，牛顿物理学带来的空洞在全世界扩散，也对环境进行着破坏。

正如从文艺复兴的M号建筑到产业资本主义的L号建筑的转换不单纯是尺度的转换，从产业资本主义的L号建筑到金融资本主义的XL号建筑的转换，也远不止于尺度的转换，那是城市与生活在本质上的一大转换。

首先是没有了建筑用地的限制。新的巨大地块往往横跨多个建筑用地，甚至包括了贯穿其间的道路和铁路。譬如六本木新城、东京中城等大规模开发项目，把小块土地、小路全都整合了进来，诞生了XL号建筑，也启动了XL号生活。巷道也好篱笆也好，全都消失了。

这并不仅仅意味着建筑用地面积扩大这一量的转换。土地的复合首先意味着出现了金融上的流动性，还意味着出现了政治与经济上横跨数个国家的调整与共谋。没有政治与经济的超领域勾结，金融资本主义的不稳定体系就无法安全运行。后产业资本主义正是这样一种流动性及勾结的时代。

流动性带来的超尺度,发生在亚洲这个"古老"的地方,完全不是偶然的。欧洲长期以来的社会传统对经济的流动性及政治与经济的勾结形成了制约,在崇尚个人主义的前提下,从M到L的转换可以说已经是竭尽全力了。而在亚洲这个古老的、有着威权主义传统的地方,L才得以超越了建筑用地,超越了原有的规则,完成了向XL的跃进。

与XL相对应的新物理学是量子物理学。XL并不是单纯的巨大,是意味着从极小到极大无数尺度的混合,乃至重叠。重叠才是XL。欧洲社会绝不会出现的混合与重叠,在亚洲浮出了水面。

因亚洲的加入而出现的这种混乱无序的状况,不仅牛顿物理学无法解释,爱因斯坦的物理学也是绝对解释不了的。爱因斯坦认为,空间与时间是一体的,在极致的速度下,空间与时间都会伸缩。对于时空的伸缩,他用$E=mc^2$这个美丽的方程式做出了出色的说明。爱因斯坦否定了空间、时间的框架,打破了这两个世界的边界,然而在这个统合的新世界里,依然存在着法则。他并没有否定法则自身的存在。从这个意义上来说,爱因斯坦是十分保守的。

然而,当代的量子物理学表明,能够解释一切的法则已经不存在了。量子物理学让我们认识到,我们可以观测到极小和极大,不存在将它们统合起来的法则。这可以说是物理学这门学科的自我否定。因为物理学原本是一门以寻找规律、发现方程式为目的的学问。

从这个意义上来说，爱因斯坦是古典物理学的最终形态，是物理学的最美终章。而量子物理学对依据法则进行计算，再做出预测的科学态度本身做出了否定。物理学丧失了这门学科自身的大前提，量子力学以后混乱无序的物理学与爱因斯坦以前的一切物理学彻底决裂了。

从进化论到重叠论

那么，这样的新物理学将伴随怎样的新建筑呢？新建筑又能从新物理学中得到怎样的启发呢？

新物理学最令人感兴趣的一点是与进化论式理论结构的决裂。雷姆·库哈斯的*S, M, L, XL*在理论结构上基本是进化论式的、线性的。小型的建筑逐渐扩大为M, L，随着亚洲登上世界建筑舞台，爆发性地膨胀到XL，于是世界陷入了末日般的绝境。库哈斯的看法充满了一种以进化论为基础的悲观。

这看起来像是对世界的现状进行批判，其实也是欧洲精英对亚洲的新状况，对其混乱、混沌做出的哀叹。库哈斯那一代人经常会用这种悲观厌世的论调来批判现在的城市和建筑。比如，矶崎新提出的都市论、建筑论也基本都是同样的悲观论调。在他们看来，世界扩张到最后，朝着末日急速坠落，已经没救了，唯有自己是认清现实的智者。在他们口中，充满了对那些被末日的绝境所吞没、被玩弄于股掌之间的街头建筑师的轻蔑。

矶崎新、库哈斯这一代建筑师在人生的后半程遭遇了XL状况，对他们来说，或许可以这样去说去写，把自己当作受害者获得自我安慰，得到救赎；但是我们这一代原本就在XL状况中开始了职业生涯的建筑师是得不到任何救赎的。更何况，我原本就生长在亚洲——这个库哈斯口中扮演了XL的元凶的地方。我无法把XL当成别人的事，仅仅付诸笑谈。我必须接受亚洲的现实，接受自己生于亚洲的事实，在这个基础上去批判亚洲，去思考亚洲的可能性和未来。

我对新物理学感兴趣，是因为它的理论结构不是从小到大线性进化的，不是进化论式的，是试图在大中发现小、小中发现大。对从极小到极大的重叠性的宽容，在极小和极大之间自由穿梭的速度感，正是新物理学的基础。

小的事物常在我们的身边，随时可以拉近，可以直接接触。世界并不是一味地向大进化。大的事物变得更大，快的事物变得更快，越是这样，我们越是会被小的、慢的事物所吸引。我们在大、小之间不停地振动。量子力学的重叠性并不是发生在高尚的学问的世界里，那就是我们日常的感觉。

而事实上，建筑在不断变大的同时，有心的设计师却把注意力转向了细小的事物。如果说20世纪建筑的目的是高效地制造大东西，那么现在，小东西——建筑的点、线、面——与人的身体之间的对话、相互作用，正在逐渐成为建筑设计和技术发展的中心课题。利用小巧细腻的东西创造自由、友好、柔和的空间，这样的技术正在不断涌现。

我尝试设计小型的建筑装置、家具、窗帘等产品，正是试图让"极小＝XS"复活。

超弦理论与音乐的建筑

这意味着回归到文艺复兴以前，即M出现以前、建筑师这一特权者出现以前的状态，就像维多利亚时代的拉斐尔前派试图回到拉斐尔（1483—1520年）之前的状态，以及之后的威廉·莫里斯（1834—1896年）等人兴起的工艺美术运动（The Arts & Crafts

Movement）。不过，工艺美术运动是想回到S，却落入了怀旧复古的窠臼。我想，不要止步于S，不断深入下去，去到XS、XXS，或许就能与所谓的怀旧复古划清界限。

本书的目的是对这种极小与极大重叠的量子力学式的新环境进行整理分析，寻找在此环境中的生存之道。对此，超弦理论（superstring theory）给了我很大的启发。以往的基本粒子理论认为宇宙的基本单位就是基本粒子这个细微的点，然而随着夸克、光子、电子、中微子等各种更微小的粒子被相继发现，基本粒子作为宇宙的基本单位已经难以成立。为了走出这个困境，超弦理论诞生了，即把所有的粒子都看作"弦"（string）。就像小提琴的弦通过振动奏出各种音色一样，"弦"有时会发出夸克的音色，有时会发出中微子的音色。根据超弦理论，世界不再是物质的集合体，而是由弦发出的各种音乐的集合体。那么，能不能把建筑也理解为音乐的集合体呢？康定斯基曾经把音乐与建筑统合起来，这个思考也是对康定斯基的继承和延续。

超弦理论把一切都看作振动，这就克服了点所面临的宿命的困境。点其实有很多问题，点与点过于接近的话，根据引力与距离的平方成反比的物理法则，点的相互作用力会变得无限大，无法计算，超出了物理学的范畴。而这样的难题可以被"弦"、被音乐解决。如果只是朝着S、XS，朝着"小"追究下去，就一定会碰到点的问题；而此时我们引入振动和节奏的概念，就能走出点的困境。

把建筑定义为点，或者线，都会立刻面临各种问题。因为点或线都没有宽度和厚度，无论怎么相加，都无法达成建筑这个物质的体块。欧洲建筑的基本态度是回避点、线的难题，直接把建筑定义为体块。20世纪诞生的现代主义建筑，在把建筑定义为体块这件事上，正与欧洲建筑一脉相承。结果，建筑退化为混凝土造就的乏味的三次元体块，丧失了量子力学的自由。

然而如果引入振动的弦的概念，点、线、面的区别就只有振动的差异。只要更激烈地振动，点、线、面就可以无限扩张，可以超越建筑、超越城市，抵达世界。点、线、面可以扩张到物质、空间，乃至宇宙；物质是点、线、面的振动，是音色，是节奏，这样去想的话，建筑也好城市也好，看起来就完全不同了。

德勒兹与物质的相对性

引入振动的概念，可以自由横贯点、线、面，甚至颜色、硬度、质感、重量都可以作为振动的结果来描述。康定斯基当然不知道超弦理论，也没有过关于振动的想法，可是他对音乐有很深的了解，所以凭着直觉，就把点、线、面作为一种连续性的振动联系了起来。

在康定斯基的延长线上，吉尔·德勒兹（Gilles Deleuze，1925—1995年）有过关于固体和液体的相对性的论述。德勒兹举了一个船与波浪的例子，指出原本是液体的水在某个时刻会以固体的形式出现。

"物体具有一定的硬度，同时也具有一定的流动性，或者，应该说物体本质上是具有弹性的。因为物体的弹性力量是作用于物质的能动性压缩力的表现。根据船的速度，波浪会像大理石墙壁一样坚硬。原子论者的绝对硬度的假说也好，笛卡儿的绝对流动性的假说也好，无论是有限的物体形态，还是无限的点的形态，都要设定可分割的最小限，都有同样的谬误。"（吉尔·德勒兹，《褶皱——莱布尼茨与巴洛克》*）

德勒兹认识到，物质本质上都是相对的。如前所述，与其说是相对的，不如说是重叠的。就像世界从S膨胀到XL，实际上并不是世界的扩大，而是重叠，德勒兹指出，物质本身也是重叠的。进而他又主张，物质不是点、线、面，也不是体块，而应该看作褶皱。而褶皱，无疑就是振动的别名。

　　"这正是莱布尼茨写了一篇令人惊叹的文章来说明的事情。（中略）迷宫般的连续性的东西，不是像可以分解为沙粒的柔软沙堆，不是像可以分解为独立的点的一条线，更像一块布或一张纸片，可以分割为无数的褶皱或曲线运动，它们各自又是被稳固的，抑或协调的周边所限定的。'连续性的东西不是像沙堆分解为沙粒，是像纸张或衣服分割为褶皱。像这样，物体绝不是分解为点或其他最小的东西，而是存在着无限的褶皱，某个褶皱比其他褶皱更小的褶皱。'（中略）迷宫的最小元素是褶皱，绝不是点，点永远不能成为一个部分，它只是线的末端。"（同上）

　　超弦理论认为物质的最小单位不是点，而是弦的振动，德勒兹的物质观可以看作超弦理论的另一种表述。物质是相对的，在这个认识的前方，出现的是弦和褶皱，它们的音色就是物质。像这样，物质被重新定义了。而在点、线、面的前方，点、线、面的边界消失了，物质不是点、线、面的集合，是点、线、面的振动，是它们的声音。

　　德勒兹的物质论值得注意的是，他是从巴洛克建筑中获得了灵感，由此展开了他的这种独特的物质论。

　　德勒兹引用巴洛克研究的经典著作，沃尔夫林的《文艺复兴与巴洛克——意大利巴洛克样式的成立与本质的研究》*（1888年），推论巴洛克建筑正是无数褶皱的集合体。

就像康定斯基在哥特式建筑中看到了点，德勒兹在巴洛克建筑中找到了线。他听到了线的振动，把一直被认为是体块的石头建筑重新定义为无数的线的集合体。石头这种本应指向体块的沉重物质，违背了它的物理性限制，开始演奏点、线、面的乐曲。是巴洛克的跳跃触发了德勒兹。

那么接下来，怎样才能深入到弦和褶皱振动的秘密中去呢？怎样才能发现并奏出，既不是哥特也不是巴洛克的现代的音色呢？

我先竖起耳朵，倾听弦发出的声音，倾听物质发出的声音。试着触动一下弦，听听它的声音，把它折叠到自己的身体里去。接着再触动弦，再听一下声音。只能如此无限反复，只能如此不断地寻求新的音色，期待它响起的一瞬间。音乐家必须能够忍耐这样的反复。如果说物质就是声音，那么建筑师也是音乐家，最重要的是倾听，不断地倾听，是被动的持续忍耐。

本书分《点》《线》《面》三个章节来记叙弦的振动。分类并不是本书的目的，相反，最终我想阐明的是，它们都是振动，都是振动的表现，决不能作为点、线、面分割开来。

点

大世界与小石头

建筑上说到"点"，首先会想到石头。石头本来是作为巨大的块状体，即体块存在于大地上的，体量庞大而沉重，可以说石头就相当于大地。这种状态的石头人类是无从着手的，所以石头要被分割成小块。有时候是人类切割的，有时候是大自然的力量弄碎的，总之最后，石头作为点出现在了我们面前。变成了点，弱小的人类才能够对石头下手。从石头这件事可以看出世界与人的关系，世界是如此之大，人类是如此之渺小、孱弱而无力。

石头变成了点这种细小的存在，再次堆积起来的结构体系就叫作"砌体结构"。把世界分割成小块，再堆积成大块，人类一直重复着这种麻烦事。这就是建筑这种行为的本质。砌体结构常被拿来与木结构做对比，古希腊古罗马以来的欧洲建筑基本上是砌体结构，亚洲则是以木结构为主。

砌体结构是点的堆积，木结构是线的组织，从这个意义上来说，两个世界的方法看起来有对照性的不同。但实际上，古希腊的建筑原本也是木结构的，希腊人把森林都砍伐光了，没有木材了，石砌的建筑才成了主流。

日本的土壤是肥沃的火山性土壤，而希腊的土壤很贫瘠，没有森林再生能力。然而，曾经的木结构还是在古希腊遗迹的各种细节中留下了痕迹。在包括帕特农神庙在内的古希腊建筑中可以发现常见于亚洲木结构建筑的特征——线状的构件（橡条）支撑着屋顶（图2-1、图2-2），小截面的石材巧妙地再现了橡木的记忆、木结构的记忆、森林的记忆。

希腊的神殿基本都有垂直的柱子，带来强烈的纪念碑性质，列柱产生的节奏控制着建筑的整体。从这个意义上来说，希腊建筑是柱子的建筑、垂直的线的建筑。而柱子这个建筑语言无疑是来源于木结构建筑的。从森林里砍回一棵树，就有了一根柱子，而用巨大的石头做柱子，即便是在频繁使用巨石的古代，也相当不易。

因此，人们经常说，建筑的原点就是砍伐森林里的树木，立起柱子。耶稣会神父马克-安东尼·劳吉耶（Marc-Antoine Laugier，1713—1769年）的一幅名为《原始小屋》（*Primitive Hut*）的画（图2-3），直到今天还经常出现在建筑教科书的开篇。森林里的树木对人类来说似乎是特别的存在，也许是因为人类这种生物原本就诞生在森林里，并依靠森林生活。古希腊的建筑是以三种柱子为基本建筑语言的，其中多立克式的柱子（图2-4）上有类似树皮纹理的细沟槽，科林斯式的柱子顶部还有莨苕叶子的雕刻（图2-5）。

图2-1 山西省佛光寺大殿，857年

图2-2 帕特农神庙，公元前438年

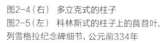

图2-3 《原始小屋》，劳吉耶，《论建筑》的扉页画，1755年

图2-4（右）多立克式的柱子
图2-5（左）科林斯式的柱子上的莨苕叶，列雪格拉纪念碑细节，公元前334年

图2-6 古罗马圆形大剧场，79年
壁柱

图2-7 巴塞罗那德国馆，
密斯·凡·德·罗，1929年
图2-8 线制造的节奏

古希腊建筑就是森林的再现。

从希腊到罗马的转换

像这样近距离观察，就会发现古希腊建筑看似是石头的点的集合体，其实也是依存于线的建筑。点与线的边界是模糊的，是相互嵌入的关系。纤细的古希腊建筑在线与点之间摇摆，到了后继的古罗马就变成了体块的建筑，因为古罗马的社会、经济需要更大体量的空间。古希腊是小城邦的群落，古罗马成了世界帝国，它们所需要的体量完全不同。古罗马从古希腊学习了很多东西，继承了它的风格，但比起柱子，罗马人更重视墙体的表现，只是为了给巨大厚重的墙壁赋予一定的节奏，使之发生振动，才在墙面上装了少量的壁柱（图2-6）。

点的集合体，西格拉姆大厦

20世纪也发生了同样的事情。从欧洲这个"小地方"起步的现代主义建筑，与古希腊的神殿一样，很重视线（图2-7、图2-8），试图通过柱子的线所产生的节奏来整合建筑的整体。

图2-9 西格拉姆大厦，密斯·凡·德·罗，1958年
图2-10 西格拉姆大厦的石墙上贴着壁柱的细节

　　第一次世界大战以后，随着经济中心从欧洲转移到美国，体块的扩大成为社会的目标，也成为建筑设计的主题。欧洲是与古希腊一样的"小地方"，美国是与古罗马一样的"大地方"。

　　场所转移，设计也发生了变化。1938年，密斯·凡·德·罗移居美国，他的设计活动据点也从欧洲转移到了美国。古代史的一幕在20世纪的美国重新上演，就像罗马人在巨大而厚重的墙壁上添加了壁柱，密斯在现代的巨大体块上也添加了壁柱，为过于庞大的建筑赋予节奏，借以控制整体（图2-9、图2-10）。密斯的移居象征着建筑表现的中心从欧洲转移到了美国。密斯准确理解了这个转移的意义和本质，让自己的设计去适应美国这个"大地方"，发明了现代的壁柱。

　　密斯的西格拉姆大厦（1958年）被誉为超高层建筑的杰作。建筑史学家雷纳·班纳姆洞察到，西格拉姆大厦之所以成为现代主义建筑的杰作，是因为它成功实现了砌体建筑的现代化。在传统砌体建筑中，作为堆砌单位的每一块石头都能被清楚地认知，而这个单位（点）不会超过人的身体所能处理的尺寸。也就是说，人的身体决定了作为砌体建筑单位的点的大小。点的亲密性尺度

图2-11 石头与石头之间的接缝
图2-12 石头粗糙的表面

让人们对砌体建筑感到亲切。同样，西格拉姆大厦的玻璃幕墙被青铜框线分割成了小尺寸的单位（点）。班纳姆分析，密斯在没有玻璃的石墙上贴上的青铜框线，并不单纯是壁柱，那是将整栋大楼变成小尺寸的点的集合体的手段。按照班纳姆的说法，石匠家庭出身的密斯，用砌体建筑的手法，把超高层建筑变成了人性化尺度的点的集合体。班纳姆对西格拉姆大厦的论述启发了我对点的思考。

密斯的这种创意在古代也能找到很多。在砌体建筑中，点与点之间必须充分紧密结合才能支撑建筑物，因此会毫无缝隙地堆砌，结果，建筑整体就成了一个沉重的体块。尽管是以点为基本单位的，完成的建筑却无法感受到点的轻盈。为了解决这个问题，无论是古希腊还是古罗马，都有把石头与石头之间的接缝切割成V形的做法（图2-11），或者把石头的表面处理得比较粗糙（图2-12），刻意让一块块的石头看上去就像一个个独立的点。密斯是有很多老师的。他不愧是石匠的儿子，是欧洲建筑的正统血脉。

图2-13 石头美术馆, 2000年

石头美术馆, 对点的挑战

尽管石头本质上是点, 但它很容易连接起来形成体块, 第一次面对这种棘手的材料, 是与白井石材一起建造的石头美术馆(2000年, 图2-13)。这是一个以石头为主题的美术馆, 白井石材的主人白井先生拥有一座芦野石的采石场, 强烈要求一定要使用本地产的芦野石来做这个建筑。石头是容易落入体块陷阱的危险材料, 在此之前我一直是避免使用石头的。

在混凝土上贴一层薄薄的石材, 这种最常见的做法我是绝对不想采用的。给混凝土薄薄地贴上一层具有某种纹理的装饰材料, 只对表面进行修饰, 这种方法在以建造巨大体块为最高使命的20世纪占据着主导地位。只要贴上一层薄薄的石材, 建筑就会显得豪华, 公寓也会卖得很贵, 因此石头纷纷被切成了薄片, 被人类社会大量消费。木头也一样, 都被当作装饰或者符号来使用。包括木头和石头在内的所有自然材料, 都沦落为体块表面的妆容, 这就是20世纪这个时代的常态。

我想把石头这种物质的丰富性从装饰和符号支配的贫瘠中解救出来。试想, 石头里埋藏着与地球一样久远的时间, 镌刻着人类把大地分割成小块, 再重新堆积起来的漫长的斗争史。

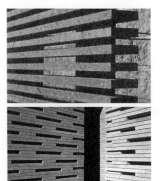

图2-14 把石头做成百页(线)

图2-15 抽掉部分石头, 多孔洞的砌体结构

在石头美术馆这个项目里, 我找到了两种方法。一种是把石头做成百页(线)的方法 (图2-14), 通过线把石头从体块中解救出来。这时, 为了固定百页, 需要线状的钢架支撑, 最终形成了纵线与横线两种线交织而成的构造。

另一种方法还是堆砌石头, 但要在堆砌的同时避免石头变成体块。我们挑战了一种新的施工方法, 堆砌的时候留出一定的空隙, 通过增加空隙的量, 把石头还原到点。要有很多空隙, 还要能抗震, 而这种满是孔洞的松散的堆砌 (图2-15) 还算不算是砌体结构呢? 在参禅般的反复问答中, 我一点点向点靠近。

结构专家中田捷夫先生给我的意见是, "把石头抽出三分之一左右, 也能作为结构墙抵抗地震"。他还说, 三分之一不是计算出来的数值, 是直觉。这么非科学化的意见, 简直不像一个工程师说的话, 但我还是像抓到了救命稻草一样, 围绕着三分之一这个数字开始研究设计。我仔细重读了日本《建筑基准法》中关于砌体结构的条款, 惊讶地发现关于砌体结构的规定是很模糊的, 只有墙体长度和厚度的大致标准, 而且没有明确的依据。也就是说, 照这个标准来, 到目前为止没有倒塌, 应该没问题吧, 只有这种经验主义的模糊标准。

图2-16 范斯沃斯住宅，
密斯·凡·德·罗，1951年

从点到体块的跳跃

其实，这个模糊的标准也不能怪日本的《建筑基准法》。砌体结构的建筑是如何抗震的，并不是通过计算来确认的，向来靠的是经验。把细小的点堆积起来，变成一个大的体块，这本身就是一种神秘的行为，直到现在还不得不依赖于经验。点变成体块，需要魔术般的跳跃。即使到了21世纪，人类仍然需要依靠魔术来处理点。

另一方面，由梁柱等框架构成的建筑结构是容易计算的。因为线是可以计算的。因此在20世纪，框架（线）的建筑成了主流（图2-16）。因为如果是框架，即使是20世纪幼稚的计算技术也是可以进行计算的。

施工水平提高了，计算水平也提高了，方法也会发生变化。19世纪以前是没有结构计算的这个概念的，一切都依靠经验。这也是因为，欧洲直到19世纪一直被砌体建筑所支配，作为点的集合体的砌体建筑原本就无法计算。进入20世纪以后，欧洲的建筑也开始采用钢架或混凝土柱子等线状构件，建筑设计开始有了结构计算的环节。当时只能进行简单的框架解析，也就是将建筑看成简单的框架来进行计算。由于只能计算简单的框架结构（图2-17），建筑

图2-17 框架结构

师也在计算的限制下，大量生产着简单框架的建筑。计算的局限性给现实带来了制约。

增加点和线的数量，用有限元的方法去计算更复杂的框架，并不是很久以前的事。因为有了计算机，从有限元法到离散元法、粒子法，计算得到了进一步的发展，终于可以对粒子，也就是细小的点进行处理了。不得不让人感慨，线是容易处理的，而点是那么神秘的存在。我能够做粒子的集合体般的建筑设计，背后有着先进的计算机技术给予的支持。

让我们回到石头美术馆的话题，抽出了三分之一的石头，原本是体块的石墙看起来就成了分散的点的集合体。这是一种不可思议的体验，简直像魔术。抽空的部分有两种处理方法，一种是保持空洞的状态，当然光和风都会透进来，不能用空调，作为普通美术馆是不合格的；但是因为展品主要是石头的雕塑或工艺品，所以我们干脆不用空调，就保持自然通风的状态。这个做法也可以看作对以全空调体块为目标的，20世纪美国式建筑的批判（图2-18）。

另一种做法也很有挑战性，意大利产的卡拉拉白色大理石切成6毫米厚的薄片，能够透光，我们在抽出石头的孔洞里嵌入了切成薄片的卡拉拉大理石（图2-19）。自从罗马帝国的恺撒大帝在卡

图2-18 不用空调的做法
图2-19 嵌入切割成薄片的卡拉拉白色大理石
图2-20 透过石头的光线充满馆内

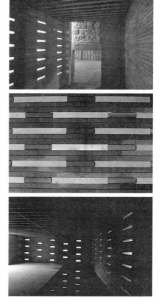

拉拉地区的山里开辟了采石场，这种美丽的白色石头就被广泛使用。直到今天，卡拉拉大理石仍然是世界上使用最多的石材。为了贯彻点的原理，我们用卡拉拉大理石代替玻璃嵌入孔洞，让整个建筑都成为石头的点的集合体。

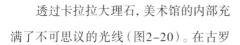

透过卡拉拉大理石，美术馆的内部充满了不可思议的光线（图2-20）。在古罗马，因为玻璃极其昂贵，以卡拉卡拉浴场为代表的罗马浴场就曾将石头切成薄片镶嵌在建筑的开口部位。所以，罗马的窗户也不是玻璃的面，而是石头的点。

面，可以说是近现代的产物。因为面的制造需要高超的技术。通常我们认为玻璃是面的材料，其实近代以前玻璃只能做出点的大小。中世纪的欧洲建筑中，窗户被铅的框线分割成小块，镶嵌着小块的玻璃。在小玻璃板的正中间有类似透镜的圆形凸起（图2-21）。当时无法做出大面积的玻璃，是用吹玻璃的工艺先做出玻璃瓶，然后再切割成小玻璃板，所以就有了这个奇怪的凸起。先吹制再切割，再用铅把这样做出来的点与点连接起来。因此，即使建

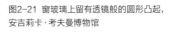
图2-21 窗玻璃上留有透镜般的圆形凸起，
安吉莉卡·考夫曼博物馆

筑的开口很大，仍然是点的集合体，保持着人的尺度。用玻璃做出大面积的面是很久以后的事了。

在很长时间里，人类不仅是墙壁，连建筑的开口部位都只能用点来处理。人类以细小的点为媒介，想方设法与世界这个巨大的存在连系起来。中世纪玻璃窗上的凸起，正是这样一种令人感动的斗争的痕迹。

在各种意义上，石头美术馆是我的一个转折点。首先，我在那里遇到了石头，开始与石头这种物质打交道，这是一个与地球诞生的秘密深刻相关的世界。石头容易变成沉重的体块，很棘手，然而也正因此，反而让我意识到点的意义、点的价值。石头为我打开了点的世界的大门。

布鲁内莱斯基的青石

接着，我遇到了来自佛罗伦萨郊外采石场的塞茵那石，这是一种略带青色调的灰色砂岩。塞茵那石让我进一步深入了点的世界。采石场主萨尔瓦多先生特意从意大利过来找我，希望我用塞茵那石做一个小小的建筑装置。塞在旅行箱里从意大利搬来的塞茵那石，就像它的名字，"清静的石头"，带着青灰色的沉静色调，我一看就对它产生了好感。

苹果公司的创始人史蒂夫·乔布斯特别喜欢这种石头，甚至严令所有苹果商店的地面都要用这种塞茵那石来做。回顾历史，这种石头在建筑中发挥的作用出乎意料地广泛而深远。

被称为文艺复兴最早的建筑师、活跃在佛罗伦萨的菲利普·布鲁内莱斯基（Filippo Brunelleschi，1377—1446年）就喜欢使用这种石头。而且布鲁内莱斯基还采用了一种从未有人尝试过的独特用法。他先用塞茵那石表现出柱、梁、拱等框架，再用白石灰把框架之间涂成平坦的墙面。

整个建筑看起来就像用青色的画笔在白色的纸张上勾勒着框架的线。

事实上，布鲁内莱斯基的建筑并不是由框架结构体支撑的，仍然是当时普遍的砌体结构。以混凝土和钢铁的结构性框架支撑建筑是19世纪以后的事情。框架结构是线的结构，而19世纪以前的欧洲，砖石堆砌的砌体结构是主流。15世纪的布鲁内莱斯基在砌体结构的技术制约中，也不得不去做那些厚重封闭的体块型建筑。

然而布鲁内莱斯基却在这种制约中梦想着线的建筑，他在脑

图2-22 育婴堂,布鲁内莱斯基,1445年

海中一定已经看见了应该会到来的线的建筑的时代。他用塞茵那石在白色的石灰墙上画上了细细的线——塞茵那石那种独特的略带青调的灰色,非常适合描绘干净的线条。他试图给建筑赋予一种如蓝墨水在白纸上描画般的、数学的、抽象的印象。像这样,在钢铁框架的线的建筑还未出现的很久以前,他利用塞茵那石清冷的颜色做出了线的建筑(图2-22)。

生活在布鲁内莱斯基的下一个世纪,文艺复兴全盛时期的核心人物米开朗琪罗(1475—1564年)同样也喜欢塞茵那石。

洛伦佐图书馆大厅的楼梯被誉为世界上最美的楼梯,白色墙壁上塞茵那石勾勒的框线里,悬浮着塞茵那石的青灰色台阶(图2-23)。

布鲁内莱斯基与米开朗琪罗都在砌体结构的技术制约下做出了线的建筑,预言了未来框架结构的时代,即线的时代。他们是线的预言者。他们选择的拥有青灰色清冷肌理的塞茵那石,正是最适合这个预言的物质。而这种石头也正来自他们活跃的佛罗伦萨附近的山地。是神将建筑师的数学的、抽象的思考与当地的材料连系在了一起。建筑,就是这样连接着地方与宇宙,连接着物质与概念。

图2-23 洛伦佐图书馆大厅，
米开朗琪罗，1552年
图2-24 水晶宫，帕克斯顿，
1851年

正如他们所预言的那样，三百年后，框架的时代到来了。用钢铁和混凝土的框架支撑起建筑，再用玻璃和墙壁填充在框架之间，这种建筑（图2-24）成了19世纪后半期以后欧洲建筑的主流。线的技术让超高层建筑成为可能，诞生了20世纪的城市与文明。布鲁内莱斯基与米开朗琪罗以塞茵那石描绘的预言，射程远至数百年之后。

布鲁内莱斯基的点的实验

布鲁内莱斯基是从体块（砌体建筑）转换到线的先驱者，他不仅挑战了线，还对点进行了非常有意义的实验。他的代表作，佛罗伦萨的圣母百花大教堂，因穹顶建筑的重大技术突破而闻名于世，这个大穹顶（图2-25）正是一次对点的可能性进行挑战的大规模实验（1436年）。

为了同时获得宏大无柱的内部空间以及朝着天空延伸的象征性外观，人们从古代开始就建造了许多穹顶建筑。作为一种把石头、砖块等细小的点堆砌起来获得大体量空间，也就是把点与体块

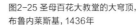

图2-25 圣母百花大教堂的大穹顶，
布鲁内莱斯基，1436年

连系起来的魔术般的手段，穹顶技术自古以来备受人们的推崇。

然而，砖石的重量限制了穹顶的大小。与砖石的重量相比，连接它们的灰浆粘合面的强度不够，穹顶会因自重而倒塌。石头或砖块虽说是点，但也有重量，这是点的建筑宿命的缺陷。在中世纪，直径超过30米的穹顶被认为是不可能的。也就是说，从点到体块的跳跃或者说升华，存在着物理性的界限。石头或砖块的点，无论怎样巧妙地堆砌，都无法超越30米的极限。

超越了这个极限、超越了点的宿命的正是文艺复兴的发源地佛罗伦萨的大教堂——圣母百花大教堂的大穹顶，而取得这个成就的是布鲁内莱斯基这个天才。骄傲的佛罗伦萨人认为，直径30米的小巧的中世纪穹顶，实在配不上这个因纺织业和金融业成为意大利经济、文化中心的繁华城市。与20世纪超高层建筑一脉相承的体块至上主义，在佛罗伦萨这个新兴城市已经萌芽了。

首先，佛罗伦萨政府召集建筑师，举行了穹顶的设计竞赛（1418年）。布鲁内莱斯基提出了具有划时代意义的大胆构想，引发了赞成和反对的激烈争论，最终成为优胜者。他没有看到大教堂的整体竣工，然而在他去世以后，以他的提案为基础，跨越了诸多困难，佛罗伦萨终于获得了一个直径43米，高120米，配得上这个城

图2-26 带拱肋（框架）的双层穹顶

市的巨大体块。由此可知，布鲁内莱斯基的提案具
有怎样的高难度和超前性。实现这个大穹顶的关键是带拱肋（框
架）的双层穹顶的构想（图2-26）。"拱肋=线"的介入，让点与体
块阶层式地连接了起来。

布鲁内莱斯基是最早注意到线的可能性的建筑师。从他所有
的建筑，包括外墙用塞茵那石勾勒着线条的育婴堂（1445年）在
内，都能看出他对线的关心和执着。他凭直觉意识到，如果以线为
媒介，点与体块就能顺利连接起来。而给他的直觉带来具体灵感的
是他与古罗马的线的建筑的相遇。

大穹顶竞标的消息正式公布以后，布鲁内莱斯基考察了古罗
马的遗迹，对古罗马建筑的柱子（多立克式、爱奥尼亚式、科林斯
式等柱子）进行了研究。他发现，古罗马的建筑无论是在结构上还
是在设计表现上，都是通过柱子这种线来实现巨大体块的。为了获
得罗马帝国这个大型社会所要求的巨大体块，古罗马建筑最大限
度地发挥了诞生于古希腊的线的创意。

罗马人在容易显得呆板的巨大墙面上添加了壁柱（参见本章
图2-6），还发明了一种被称为巨柱式的跨层的大柱子，用巨大的柱
子来整合两层以上的建筑形态（图2-27）。在巨柱的长线的控制

图2-27 巨柱,卡拉卡拉浴场的重现图

下,高大的建筑带上了节奏,不会显得松散。古罗马人用长而有力的线来应对大型社会所要求的巨大体块。

布鲁内莱斯基考察了古罗马的遗迹,发现了线,把它应用到了佛罗伦萨当前的紧急课题中。在圣母百花大教堂,线通过各种组合和编织,提高了建筑的强度。首先,用螺栓将60根木材(线)与铁条(又是线)连结在一起,做成环状;再以环状的线将穹顶的底部箍紧,防止穹顶在水平方向上散开。

为了提高强度,做了双层带拱肋的穹顶(图2-28)。通过织入两层拱肋(线),穹顶从直径30米的极限中解放了出来,外侧的穹顶获得了令人震撼的巨大体量(高120米)。点的弱点被线克服,线通过编织获得了更大的强度。这样一个柔韧的建筑发明,真是无愧于佛罗伦萨这个因线的编织技术而发达的纺织业城市。

布鲁内莱斯基的归纳法

布鲁内莱斯基的另一个创新是不做脚手架,这是建造穹顶的划时代的方法。作为点与体块之间的媒介,导入了拱肋(线),但拱肋与拱肋之间还是得用砖(点)耐心地填补起来。无论如何,最后都需要一次把点与体块强行连接起来的跳跃。这个宿命的难题,

图2-28 双层带拱肋的穹顶

布鲁内莱斯基是如何克服的呢?

　　有一种魔术般的方法,可以让微小的点(碎石子、沙子、水泥灰)一下子跳跃到体块,那就是20世纪最常见的建筑方法——现场浇筑混凝土。而且,用这种方法还可以省去必须依靠人手一块块堆砌砖石的麻烦。从这个意义上来说,混凝土既是魔术般的方法,也是偷懒的方法。

　　20世纪,建筑成功地将魔术与偷懒结合了起来。正因为如此,20世纪的人们才会狂热地、像依赖毒品一样沉溺于混凝土建筑。看起来是因为合理性,不过是因为,对于这个偏爱魔术和偷懒的时代,混凝土是最合适的材料。混凝土能够在瞬间为人们提供梦幻的城堡。对于用混凝土建造坚固的城堡并将其私有的行为,20世纪的人们表现出了异样的热情。

　　其实,混凝土建筑要完成从点到体块的跳跃,必须通过临时脚手架(图2-29)这种辅助性的建筑、辅助性的线才能实现。类似于传统戏剧中辅助表演的黑衣人,必须通过他们才能完成表演。没有脚手架,就无法建造混凝土建筑,魔法也不会发生。不过,搭建脚手架很容易,只需将线(铁管)简单编织起来,因此,现场浇筑混凝土这种魔术般的建筑方法在20世纪取得了支配性地位。脚

图2-29 临时脚手架

手架这种搭建起来，使用完毕，随即消失的线的建筑，让点跳跃到了体块。

然而，建造穹顶的时候，必须预先搭建好与穹顶同样规模的木质脚手架，再做出穹顶形状的木质拱架，然后在上面砌砖。这远比建造垂直墙体时搭建的脚手架难度大，施工时穹顶的内部空间会变成脚手架的森林。为了省略脚手架和拱架的麻烦，布鲁内莱斯基做出了大胆的挑战。

他采用了一种崭新的砌砖方法——错位砌砖法来解决这个问题。砖块虽说是点，但是有一定的体积，砌的时候可以稍微错开一点，让上面的砖块比下面的超出一点。这样不断重复，没有密密麻麻的脚手架也能砌出巨大的穹顶（体块）。也就是说，用错位的手法，把原本是点的砖块转换成线来使用（图2-30）。

这个前所未有的创意让我想起数学中的归纳法。归纳法的逻辑结构是，n成立的事情，如果能推导出n+1也成立，那么接下来就可以无限循环下去。可以说，布鲁内莱斯基发明了建筑上的归纳法。

建筑中的演绎法与归纳法

建筑的方法也有演绎法和归纳法。20世纪的混凝土建筑是演

图2-30 错位砌砖，转换为线

绎性的。首先有了整体形状的设想，然后为了实现这个形状，找出并确定构成局部的素材及连接局部的细节。局部要服从于整体。在混凝土建筑中，所有的局部都从属于整体。

另一方面，布鲁内莱斯基的方法是试图从局部到达整体的归纳法。在彻底厘定局部的性质及其界限的基础上，将局部与局部连接起来，上升到另一个台阶。重复这样的操作，有时会出现一个意想不到的整体。这就是归纳法。归纳法有时会充满惊喜，带来超乎想象的结果。在混凝土之后的建筑中，归纳法将会代替演绎法被更多使用吧。因为计算机设计带来的加法的建筑正与归纳法相契合。

布鲁内莱斯基知道归纳法的效果。他以归纳的方式将点扩展到了线，再以线为媒介到达了体块。他熟知线的作用，充分运用了线。我猜想，这可能与他职业生涯的起点是金工师有关。他原本学习的并不是建筑，而是金工技术。石头或砖块本质上是点，而金属本质上是线。金工师的那段经历教会了他线的魔术，于是，他把线的力量带进了建筑的世界。

布鲁内莱斯基之后的建筑史，是因金属这种新物质的介入而开启的。金属的介入使历史发生了巨大的变化，因为金属与线密切

图2-31 圣母百花大教堂的鱼骨式砌砖

相关。铸铁柱子等铁质的线使大空间的创造成为可能，建筑空间的尺度得以扩展。德国宰相俾斯麦（1815—1898年）曾说，"钢铁即国家"，从这句话可以知道，金属制造的线对人类空间的扩大起到了多么大的作用。事实上，19世纪德国的腾飞离不开钢铁发挥的巨大作用。混凝土看起来与金属毫无关系，但如果没有内部的钢筋，混凝土结构就无法成立。是钢筋的线把沙子、碎石子、水泥粉等细小的点束缚在一起。所谓建筑的现代化就是建筑的"金属化""线化"。而最初的那一步，就是金工师布鲁内莱斯基改行做了建筑师。

为了让佛罗伦萨的大教堂工程省掉脚手架，布鲁内莱斯基对砖块本身重新做了设计。他定制了一种又薄又大的砖，这样砖块与砖块之间就可以较大地错位，这个错位能起到悬臂的作用，成为另一块砖的支撑。这种砖因为像扁平的魔芋块，在日本也被称为魔芋砖，它既是点，又稍微靠近了线。

此外，布鲁内莱斯基还采用了一种被称为鲱鱼骨的人字纹砌砖方式，加强了砖与砖之间的结合强度（图2-31）。这种鱼骨式的砌砖法也是在点中悄悄导入线的巧妙手法。通过这种方法，就像鲱鱼的骨头嵌在鱼肉中那样，点的集合体变得更加强韧。插入什么

图2-32 插入穹顶中的鱼骨

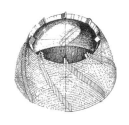

形状的骨头（线）才能获得最强韧柔软的身体，研究的结果就是这种呈现出人字纹的鲱鱼骨。布鲁内莱斯基把生物的柔韧性导入了建筑。而这种柔韧性，他一定是从金属那里学到的。

布鲁内莱斯基采用了沿着穹顶的水平面圆弧方向，旋转着错位砌砖的方法（图2-32）。轻微的错位，会在旋转一周的过程中产生很大的位移，起到悬臂的作用。这样，不用脚手架就能经济地建造出巨大的穹顶。

塑料水箱与石蛾

我从布鲁内莱斯基那里学到了利用错位，以归纳的方式把点转换成线的方法。在2007年"水砖"（Water Block）这个建筑装置中，我挑战了把点堆砌起来的砌体结构；一年后，我增加了错位，把它进化成了"水枝"（Water Branch, 2008年）。像这样，我也试着体验了从点到线的进化。

我做这个建筑装置是受到了工地上做路障用的塑料水箱（图2-33）的启发。空的塑料水箱很轻，搬到现场注入水，瞬间就变成了沉重的路障，大风都吹不倒。要搬到另一个地方，只要把水放掉就可以了。点的重量可以自由地改变，这种塑料水箱堆起来的路

图2-33 塑料水箱的路障

障，真是一种魔法般的建筑。大家都相信，建筑一旦建成就无法移动，也无法改变形状。的确，建筑一旦建成，形状和重量都不可能改变了。然而这种塑料水箱的路障，像是对这个常识做出了大胆挑战，这让我感到很兴奋。

这是一种能够改变重量、不断振动的点，要怎样把它们组织起来，成为一种新的建筑呢？我首先想到的是乐高积木，让塑料水箱成为"水砖"（图2-34），像乐高积木那样组装起来。乐高积木来自砌体建筑的大本营——欧洲（丹麦），积木的组装方法与砌体建筑一样，都是以堆砌，即点的方法为基础的。只是不同于建筑是用水泥灰浆（黏合剂）来粘合砖石，乐高积木是以凹凸相嵌的方法来拼合积木块，这是连接木材的方法。水户黄门的故事中大家很熟悉的那个印笼，即放印章的小木盒子，盒盖也采用了同样的做法，日本人称之为印笼式连接（图2-35）。

乐高公司的前身是丹麦的一家木工所，传承了木结构的思维，与砌体结构的堆砌系统相结合，这才有了乐高。乐高整合了西方的方法和东方的方法，成为世界性的玩具。

然而，乐高的系统可以简单地做出垂直的墙壁，却很难搭建出

图2-34 水砖, 2007年
图2-35 印笼式连接
图2-36 欧洲的砖砌建筑

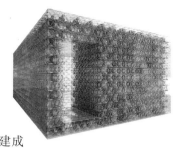

屋顶。如果搭不出屋顶, 仅凭塑料水箱建成一个建筑的设想就无法实现, 必须在墙与墙之间架起木梁。这样就与欧洲传统的砖石建筑变得一样了, 也就是说, 地面与屋顶必须加入木质的框架 (图2-36)。而我想做的是只用一种单元素材组装出整个建筑的数学式的建筑, 如果不得不依赖其他部件, 那通用性就有问题, 也称不上美丽的数学式的系统了。如果只用一种单元素材就能堆砌成一个建筑, 那一个人就能建造的草根建筑就不再是梦想。

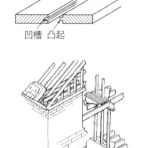

凹槽 凸起

　　动物的巢窠之美就在于, 只用一种单元素材, 或者说一个单位构建出整体。只用一个单位、一个动作完结的整体是美丽而自然的。最有趣的例子是石蛾 (trichoptera) 幼虫的巢 (图2-37)。石蛾利用身边的某种材料, 仅凭转动身体这一个动作就能筑成美丽的巢。在不同的地方得到的材料不同, 筑成的巢也会呈现出不同的样貌 (图2-38)。然而动作只有一个, 方法只有一种。筑成的既是它的巢, 又像是它的衣服, 也像是它的身体本身。凭借简单的方法和执

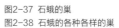

图2-37 石蛾的巢
图2-38 石蛾的各种各样的巢

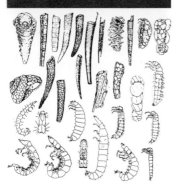

着，石蛾把巢这种建筑做得像自己的身体一般。

我向往着像石蛾那样，做出身体一般的建筑。身边的点，不论什么都可以拿来做材料，这种灵活性和宽容性，对我来说也非常有魅力。20世纪的建筑基本上是使用最便宜的、来自远方的材料，运输过程造成的大量的二氧化碳排放不为人们所顾及。结果，所有的建筑都趋向于均质化，失去了建筑所应有的场地性。我们应当向石蛾学习，再次回归身边的材料、身边的点。我们需要找回建筑的场地性。

在石蛾与布鲁内莱斯基的启发下，继水砖之后，我又设计了一种带有齿状凹凸的树枝形塑料水箱——"水枝"（图2-39）。纽约现代艺术博物馆（MoMA）邀请我参加一个名为"住宅配送"的展览，该展览的主题是，像配送比萨一样，能够简单制造和搬运的建筑。我想到了树枝的形状。我觉得，要做一个像比萨饼一样可以配送的草根住宅，像石蛾的巢那样的形状和方法是很适合的。齿状凹凸的样子看上去就像一根树枝，所以我把它叫作"水枝"。

这种树枝状的水箱是可以一边错位一边堆砌的，就像布鲁内

图2-39 纽约现代艺术博物馆展出的水枝
单元，2008年
两端有阀门，水可以在水枝间流动

莱斯基特制的又大又薄的砖，水枝是稍微接近线的点，容易做出错位。因为能够在任意方向上自由错位，所以无论是纵向上还是横向上，都可以自由地编织出线，形成更强韧的结构体。

在尝试将点与世界连接起来的过程中，我不知何时触及了线，开始了线的编织。从点跳跃到线，以线为基本单位进行编织，能够更容易抵达世界。

水枝是介于点与线之间的存在，说它是线，有些太短了，并不完全是线，这一点也很有趣。从这个意义上说，水枝不能算是线，只能说是线段。长条的线状物体很难搬运或组装，线段的话，搬运和施工都很容易。水枝在点与线之间振动着，连接着点与世界。

用液体把点连接起来

以水枝为契机，我开始尝试将点转换为线的方法，与此同时，从水砖到水枝还实现了一个大的跳跃。即，通过水这种液体，把水枝与水枝，即点与点连接了起来。

水砖，就像它的名字一样，当然是可以往单元里注入水的，但是水砖里的水是盖上盖子封住的，不能流动；而水枝是彼此连通的，水是可以自由流动的。水在水枝组建起来的墙壁、地面、屋顶中流动，通过水，水枝相互间完全连接在了一起（图2-40、图2-41）。

水是否能流动，差别是很大的，相当于水是活的还是死的。在水枝组建的建筑外部设置集热设备，利用太阳能获得温水，再让温水在水枝中循环。就像温暖的血液在人的全身循环，温暖着身体一样，水枝组建的地板、墙壁、屋顶，整个建筑全都慢慢变暖。水的流动让人体中发生的生命现象在建筑这个坚硬的世界里也得到了实现（图2-42）。

以液体为媒介，水枝与水枝相连，原本应该是点的东西，变成了连续性的线，就像一个互相连通的网络一般。在点与点的连接上，石蛾同样也巧妙地利用了液体。它利用口中分泌的液体，把点与点柔和地结合在一起，筑成一种介于衣服与建筑之间的，中间状态的巢。

这个原理好比是一块布，经线与纬线不是孤立的，就像那种一笔到头不间断的画，线是连成一体的，此时，虽然是线，却拥有了面的强度。随着液体在其中流动，我感到水枝超越了线，变成了一块布，一个面。液体创造出了点、线、面相互嵌入的关系。

也可以说，点与点并不是在物理结构上相连，是通过流动的液

图2-40 水枝屋，2009年
图2-41 水在水枝中流动的样子
水把水枝相互连接起来，水像血
液一样循环流动

体相连的。建筑通常是属于固体世界的，然而观察生物的世界，会发现，细胞与其他细胞经常是通过流动的液体连接在一起的。生物既是固体，同时也是液体。通过液体获得强度，也依靠液体进行能量和信息的传递。即便没有血管那样的管道的介入，只要有液体，点与点、细胞与细胞就能连为一体。这就是生命。

我再次认识到，在生物的世界里，液体对点与点的连接起到了极为重要的作用。点保持着作为点的自由的同时，又因为液体结合在一起，形成连带。建筑也该从固体毕业，投入液体的世界了。建筑至今还囿于流动在管道中的液体，如果液体本身可以成为建筑的主角，突破管道的限制，建筑就可以跳跃到另一个全新的世界。水枝这个建筑实验让我感受到了这种可能性。

新陈代谢建筑与点

在建筑界，20世纪60年代日本兴起了以生物为模仿对象的新陈代谢运动。浅田孝、菊竹清训、黑川纪章、大高正人、荣久庵宪司、粟津洁、槙文彦等建筑师主张，生物有新陈代谢，建筑也应该

图2-42 水枝屋的内部

适应社会的变化、使用方法的变化、规模的变化进行新陈代谢。他们呼吁建造可以像生物一样缓慢变化的建筑，以更换、增减构件来代替建筑整体的拆建。新陈代谢运动的宣言发布于1960年，当时日本正要迎来经济高速成长的顶峰。

年轻的建筑师在环境问题受到广泛关注的时代到来之前，率先做出了大胆的提案和设计，为世界所瞩目，大大提高了日本建筑师的知名度。然而，美好仅停留在了图纸上，实际建成的新陈代谢建筑让许多人感到失望，这项运动持续的时间并不长。我想，这项运动失速的原因就在于，新陈代谢建筑是以胶囊这种过大的点为单位的。以胶囊为单位建造办公楼、住宅及酒店，通过更换胶囊来达成建筑的新陈代谢，新陈代谢建筑的别名就是胶囊建筑。

而事实上，胶囊的新陈代谢，即更换，在物理上是极其困难的。在城市里，把大型起重机运到现场，拆装沉重的胶囊是一项非常费力的工作，胶囊的管线与主管道重新连接的难度也很高。新陈代谢建筑的代表作，黑川纪章（1934—2007年）设计的中银胶囊大厦（1972年，图2-43）竣工后从未更换过胶囊。通过胶囊来进行新陈代谢被认为只是建筑师的白日梦，遭到了人们的批判。

图2-43 中银胶囊大厦，黑川纪章，1972年

生物学家福冈伸一先生曾与我就新陈代谢建筑失败的原因进行过讨论，我们的结论是，新陈代谢的单位太大了。更换胶囊，对于生物来说就像更换器官，是件动作很大的事。自然界生物的新陈代谢是不会更换器官的。就像福冈所说的，生物是通过一点点更换细胞这种细小的点，平缓持续地进行着新陈代谢。生命是一条流淌的河，所有的东西都在流动的同时达到一种动态的平衡，这是现代生物学达成的生命观。而从前的生物学，直到20世纪初，都是以器官这个很大的点为单位，以静态的平衡来看待生物的。以器官为单位的生命观已经是过去式了。德勒兹和加塔利将诗人安托南·阿尔托（Antonin Artaud，1896—1948年）创造的"无器官身体"的概念设定为《反俄狄浦斯》[1]的中心概念，批判了器官论的生命观。器官太大了，胶囊也太大了，阿尔托一定也有这样的直觉。

如果能把点缩得很小，利用点周围的液体和气体为媒介，也许就能让一度受挫的新陈代谢建筑复活。液体连接起来的水枝可以说是向新一代的新陈代谢建筑迈出的第一步。

---

1 日译版：《反俄狄浦斯——资本主义与分裂症》（上、下），河出文库，2006年出版。

新一代的新陈代谢建筑应该持续地、不停地流动。砖头、水泥块虽然也是点，但要更换点，就需要施行暴力的大手术，将用于粘合的水泥砂浆剥离。而且还需要空调及冷热水的管道，没有管道就无法产生流动。

　　而我的水枝，水可以在相连的单元中流动，就像细胞之间交换液体一样，以液体为媒介，可以直接传递热和能量，不需要借助管道。黑川的中银胶囊大厦因为管道安装的问题遭遇了挫折，如果是以液体为媒介，直接连系起细小的点，那么没有管道也能构成一个身体，让各种各样的东西在身体中流淌。过去的新陈代谢建筑试图模仿生物，但模仿的方式过于图式化，似是而非。从水枝向前展望，新的生物型建筑也许不再是梦想。

像线一样薄的石头

　　让我们再回到布鲁内莱斯基喜欢的塞茵那石。采石场主萨尔瓦多先生希望我用塞茵那石做一个建筑装置，我考虑用什么方法让通常是点的石头一下子跳跃到线。因为如果采用布鲁内莱斯基的错位的方法，建筑无论如何会变得很重，而萨尔瓦多先生要求的是重量轻、能够搬运。于是我想到把石头切割成极薄的薄

图2-44 扑克牌搭成的卡片城堡

图2-45 桁架结构

片，让石头成为线，再把线与线组合起来，这样也许就能满足他的要求了。

给我灵感的是一种叫作"卡片城堡"的儿童游戏（图2-44），就是小孩子用扑克牌搭出三角形，再组合成城堡的一种纸牌游戏。按照三角形的原理，无论多么细弱的线，只要确定三边的长度，就能决定三角形的形状，从而形成牢固的结构体。由线形的钢材或木材组成的桁架结构（图2-45）是古罗马以来就存在的结构系统，完美利用了三角形的原理。木材也好钢材也好，都有长度的限制，准确来说并不是线，是介于点与线之间的线段。所谓桁架结构就是利用三角形的原理将线段接合起来，转换成高刚性、高强度的线的技术。我们将桁架的原理应用到石材上，把石材切割成薄得可以称为线的薄片（图2-46），搭出了一个塞茵那石的卡片城堡（2007年，图2-47）。

每个地方都有当地擅长的材料，我想用薄薄的石头来建造坚固的城堡，意大利的石匠就像日本的木匠一样灵巧，他们切出了漂亮的薄石片，这才有了这个透明的石头城堡。

图2-46 切割成薄片的塞茵那石
图2-47 卡片城堡，2007年

日本的瓦与中国的瓦

就像与塞茵那石的相遇，让我对布鲁内莱斯基与点、线之间的斗争有了再发现，与新材料的相遇，总会引导我去往新的阶段。对于我来说，材料总是作为他者出现，面对面地迎接他者，我才能走向下一个境界。在这个意义上，中国民居中使用的瓦，对于我来说也是一个他者。遇见中国的瓦，点的建筑就开启了下一个舞台。

在中国做建筑设计绝不是一件容易的事情。如果追求日本式的高精度，一定会失败。不说施工的精度，运到现场的材料差别就很大，绝大多数日本建筑师看到那些不规整的建筑材料都会感到不知所措。

我刚开始在中国工作的时候也一样，遭到了多次打击。然而某一天，我改变了想法。为什么不能把这种差别、这种不规整保留在设计里呢？我的想法有了180度的转变。

这样去想，我在中国的工作就变得愉快起来。因为不必刻意寻找，到处都是有差别、不规整的东西。其中特别突出的，也是我最喜欢的，就是中国民居中使用的参差不齐的瓦。

在杭州和新津的两个美术馆项目中，我对中国的瓦的可能性进行了深入探索。这两个美术馆，建筑场地周边都是典型的中国田园风景，瓦屋顶的旧式民居构成了这种风景的基本元素。走近观察那些瓦，会感到非常有意思，颜色、形状、尺寸都有差异，不那么整齐划一。

这样的田园风景中还不时冒出白烟，那是从烧瓦的土窑里冒出来的。在野地里用砖和泥土做成小土窑，堆上柴火烧瓦，这种原生态的方法一直沿用到了今天。我看到的那些有着美丽变化的瓦就是这样烧制出来的。

另一方面，日本的瓦几乎都是在大型工厂里用机器烧制出来的，当然就很均一，几乎没有差异。事实上，是不能有差异。日本人的一丝不苟和高度的工业技术相结合，做出来的产品在精度、均一性上与中国的瓦形成了鲜明的对比。因为这个缘故，日本民居屋顶的表情就十分呆板无趣了。瓦原本是"活着的"点，点制造的节奏会给屋顶赋予表情和尺度感；作为工业产品的日本的瓦，完全没有了点的感觉。日本的瓦屋顶看上去只是把屋顶涂成了灰色，点的节奏、点的跃动完全不存在了。

而且，日本的瓦的形状更加剧了这种呆板的感觉。原本，瓦屋

图2-48 克莱蒙费朗港口圣母教堂，12世纪
图2-49 本瓦
图2-50 栈瓦

顶是用曲面成型后烧制出来的陶板，朝上、朝下交替铺装，形成的一个防止雨水渗漏的系统（图2-48）。欧洲或亚洲的瓦屋顶都是来源于这个基本形态。过去传统上，日本的屋瓦凹片和凸片略有不同，盖在凹片上的凸片弯曲度更高，使得屋面凹凸的阴影更加清晰，这样的屋瓦组合叫作"本瓦"。奈良时代以来，本瓦的屋顶一直都是构成日本城市景观风貌的一个基本元素（图2-49）。

可是江户时代的延宝二年（1674年），近江地区的瓦工西村五兵卫正辉发明了一种将凹片与凸片合为一体的"栈瓦"，又称"简略瓦"。这种合理化、经济化的栈瓦确实提高了施工效率，可以说是一种现代式的建筑材料，然而日本的屋顶也因此失去了阴影和变化，变得非常呆板单调（图2-50）。随着明治以后的工业化生产，栈瓦的表情变得更加均一，日本的屋顶也变得更加无趣。点的跃动和节奏，从日本的屋顶乃至日本的整体景观面貌上彻底消失了。

这种单调的景观令人厌倦，在我的眼里，中国的瓦呈现出的点的参差变化，奇迹般地美丽而生动。我很早就想过，如果有机会在中国的山里做建筑，我要用这种土窑里烧出来的瓦来做主角。

点的阶层化及老化

杭州的中国美术学院民艺博物馆（2015年），建筑用地原本是一片茶园。我想做一个倚靠在茶园独特缓坡上的建筑，屋顶全部都用瓦。可是，并不是只要做成瓦屋顶，就能让建筑融入周围的景观。如果一个屋顶太大，与屋顶这个面的大小相比，构成这个面的点，也就是单个的瓦片的尺寸太小的话，任凭这些瓦片本身是如何富有变化，太小的点都会被太大的面所埋没，最终呈现出呆板的面貌。为了避免出现这种问题，我决定不做大屋顶，就以普通民居大小的屋顶为单位，创造一种许多小屋顶聚集的，村落般的风景（图2-51）。在小屋顶上，那些不规整的瓦片不会被整体埋没，可以很清晰地作为一个个独立的点主张自己的存在（参见本章首页照片）。做点的建筑，重要的是点与整体之间的平衡。我经常会采取这种阶层化的方法，分层次分阶段地把点与整体乃至环境连接起来。

一个个小屋顶的下方是一个个菱形平面的小空间，这些小空

图2-51 中国美术学院民艺博物馆, 2015年

间以三角形分割的手法勾勒出茶园微妙倾斜的地形。即使建筑的整体很大，只要巧妙地利用阶层化的方法，就能保持住点的生动和跃动感，让小个的点与大块的整体舒缓地连接起来。

为了控制外部光线，我们在建筑外围设计了一种瓦做的屏挡，实际做起来却最费工夫。四年前，我们在成都南部的新津做了知美术馆（2011年，图2-52、图2-53），在那里我们也做过这种设计。当时我们考虑了一种做法，把瓦片一个个固定在绷紧的平行钢索上，瓦片与瓦片之间留出空隙，尽量让每一片瓦看上去像是一个独立的点。四年后，在杭州的民艺博物馆，我想让瓦进一步地接近点。我们把钢索按45度交叉排布，瓦片固定在钢索的交叉点上，变得更加分散，成为更加生动的点。最关键的一步是，新津的瓦是竖着固定的，民艺博物馆的瓦是平放的，让人看到瓦口清晰的弧形侧面（图2-54），这样做会让瓦看上去更像一个点。此外，我们在安装上刻意增加变化，让每片瓦的前端位置错落不齐，进一步加强了点的印象。这样，独立的点随机聚集在一起，得到了一片云霞般模糊不明确的"瓦幕"。

不规整、有污垢、有破损、凹凸不平，这也正意味着，点更像一个点，点是自由的。想让点获得解放，成为更自由的存在，就必须对

图2-52 新津·知美术馆, 2011年

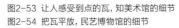
图2-53 让人感受到点的瓦，知美术馆的细节
图2-54 把瓦平放，民艺博物馆的细节

污垢致以欢迎，对破损抱以欣赏。

以开放的态度面对建筑建成后漫长、无法预测的时间，这正是我想做的建筑。建筑建成以后，会沾染各种各样的污垢，会遭到各种各样的损坏，但一开始就不规整的点能够容得下老化，覆盖掉这些。过于干净、整齐的建筑是不能容许污垢的。当代的日本建筑，朝着不宽容的方向进化，结果，日本的城市变成了不容许污垢、让人待不住的地方。

康定斯基指出，石版画永远可以修改，是加法性质的，永远不会完结。不规整的点的建筑也因为一开始就内藏着污垢和损伤，不会被封印在建筑竣工这个闭合的时间里；它会像石版画一样，面对永远的时间一直开放。环境因污垢和损伤获得自由，变得亲切。

作为自由的点的三角形

在杭州的民艺博物馆项目中，我们以三角形为单位对复杂的地形进行了分割。以三角形而不是四边形为单位，无论多么复杂的曲面，都可以近似转变为三角形的集合体。从这个意义上来说，四边形是面，而三角形是面的同时，又具备点的自由。四边形是不

图2-55 富勒的穹顶，富勒，1947年
图2-56 耶鲁大学美术馆，路易斯·康，1953年
图2-57 孟加拉国议会大厦，路易斯·康，1983年

自由的，三角形是自由的。

　　建筑通常是以四边形为单位建造的。无论是平面还是立面，向来都是以四边形为单位建造的。

　　然而也有几位建筑师注意到了四边形的不灵活。弗兰克·劳埃德·赖特（Frank Lloyd Wright, 1867—1959年）以各种形式尝试了基于自然原理的建筑，对三角形的可能性有着特别的关注。受到赖特影响的巴克敏斯特·富勒（Buckminster Fuller, 1895—1983年）和路易斯·康（Louis Kahn, 1901—1974年）也对三角形抱有浓厚的兴趣（图2-55、图2-56、图2-57）。三人的背后，有着19世纪美国兴起的超验主义（transcendentalism）的思想脉络。超验主义对自然的崇拜，对自然与精神的和谐的追求，最终抵达了三角形这个几何形态。

　　超验主义是19世纪美国工业化过程中兴起的一股思潮，因拉尔夫·沃尔多·爱默生（1803—1882年）及在《瓦尔登湖》（1854年）中提倡自给自足的亨利·戴维·梭罗（1817—1862年）等人的倡

导而诞生。他们在宗教上接近唯一神教派，对同属新教、重视勤劳禁欲生活的加尔文教派的思想却有着彻底的批判。而柯布西耶等主导欧洲现代主义运动的建筑师则处于接近加尔文主义的位置。柯布西耶的出生地，瑞士山区的拉绍德封据说是南法受到宗教迫害的加尔文教派人士逃难抵达的地方。

马克斯·韦伯在《新教伦理与资本主义精神》（1904—1905年）中指出，加尔文主义的禁欲主义是现代资本主义的精神起源。也经常有人提及，加尔文主义的信徒执着于对神的毫不隐瞒，喜欢大玻璃窗与现代主义建筑的大玻璃窗之间具有关联性。一边是加尔文主义、现代资本主义、大玻璃、四边形；另一边是超验主义的资本主义批判、森林里的生活、三角形。"现代"这个历史时期，曾经有过这样的结构性的对峙。

"（在幼儿园里）有一张棋盘格子图案的桌子，在格子的'单元线'上，我玩着非常光滑的枫木块，有方形的（立方体）、圆形的（球）、三角形的（三棱锥或三棱柱）。深红色纸板做的30度角的直角三角形，短边有两英寸（5.08厘米），一面是白色的。从我的想象中诞生的图案（设计）应该就是这种光滑的三角形的部分。"（《赖特的遗言》*）赖特如此叙述着对三角形的最初体验。赖特很小的时候，他的母亲，也是他的教育者，曾给他玩德国教育家弗里德里希·福禄贝尔（1782—1852年）设计的积木玩具，他回忆道："堆积着那些形状优美的光滑的枫木块，那种触感以后再没有从我的指尖消失过。"（《自传——一种艺术的形成》*）

福禄贝尔的积木与普通积木不同，不仅有基于四边形的正方体、长方体，还包含了多边形、球形等几何形状。这对于赖特来说有着怎样的意义，从他的叙述中可以窥知一二。对三角形这种"点"的触感，正如他所说，一辈子都留在了他的指尖。

按松叶的原理成长，TSUMIKI

在福禄贝尔的积木中，三角形是一个重要的角色，而我却更进一步，尝试设计了一种全部由三角形构成的独特的积木。

由音乐家坂本龙一担任代表，以日本森林的再生为目的的一般社团法人more trees委托我用日本的木材设计一种新型的积木。以正方体、长方体为基本单位的普通积木其实就是把欧洲传统的砖石砌体建筑工艺转译在了木块上，这样的积木搭起来，总是难免成为一个又重又僵硬的东西。培养新时代的孩子，得从根本上改变想法，我想做一种更轻巧的，具有透明感的积木。最终完成

图2-58 福禄贝尔的积木玩具

的就是这款以三角形为单位，用宫崎县诸塚村的美丽杉木制作的TSUMIKI[1]（2015年）。

TSUMIKI并不仅仅是把四边形改变成了三角形。福禄贝尔的积木（图2-58）里虽然也有三角形的木块，但毕竟是实心的块体，搭不出轻巧透明的东西。我们的TSUMIKI是用7毫米厚的薄杉木片做成的松叶形状的小木件。这样的积木，不是用来"堆砌"的，是用来组合、编织的。

为了诱发组合、编织的行为，我们在木片的尾部做了三角形的切口（图2-59），这样，每一个松叶形状的单元不仅可以向上堆叠，还可以横向组合，成为可以用来编织的组件。也就是说，TSUMIKI不只是具有透明感，更是否定了"堆砌"这种无趣的行为本身。我想否定"堆砌"这种欧洲建筑传统的根本形式，希望孩子们能够体验到编织的快乐和妙趣。比起堆砌，编织是非常自由的行为，人的精神和身体可以更自由、更柔韧地发挥。

点通常是孤立的，很难与周围连接起来。因此想要把点与点连接起来，就必须像砌砖那样，使用黏合剂（比如水泥砂浆），

---

1 日语"积木"的读音。

图2-59 TSUMIKI, 2015年

一个一个地堆砌起来。黏合剂的粘合力把点变成了体块。而TSUMIKI的点，不会变成笨重的体块，它们保持着轻巧独立，并且朝着哪个方向都能连接，它们是自由友好的点。

其实也可以说，这是通过在点中嵌入线的元素来实现的。就像前面提到的水砖，本是砌体结构中的点，嵌入线的元素后，变成了水枝，变成了更自由、更容易与世界连接的东西。TSUMIKI也通过内置线的元素，获得了更大的自由。

因为引入了三角形的原理，TSUMIKI获得了水枝所没有的轻盈。准确地说，它不是一个完整的三角形，它是一个像树枝一样分叉的松叶形状的东西。从这个意义上来说，TSUMIKI比水枝更像一根树枝，是一个更加开放的系统。

卡片城堡也是依靠三角形的原理实现的。在自然界，经常可以发现树枝那样的分叉形态，在细胞的微观尺度中，在树木枝干中，在宏大的地形中经常可以发现。赖特着眼于自然界的原理，指出了三角形的必要性；但比起三角形，我更愿意采用枝形、松叶形这样的名称。改用这样的名称，可以更深刻地理解隐藏在这种形态中的原理。树枝的形态既是连接的原理，也是生物成长、变化的基本原理。树枝的三角形态中隐藏着自然的本质。

图2-60 莲屋, 2005年

市松格子的点

为了把石头从体块中解救出来，我做过各种尝试。石头美术馆挑战了多孔洞的砌体结构，卡片城堡是把石头做薄，让它转化为线。然而这两种情况都还不是真正松散的"点"。叶山森林里的"莲屋"（2005年，图2-60）才算把石头做成了极致的"点"。

委托人希望我用意大利洞石做他的这间别墅，设计方案他不怎么发表意见，唯独对使用洞石这件事很执着。意大利洞石以罗马近郊蒂沃利的采石场所产最为有名，古罗马建筑中用得很多，包括圣彼得大教堂在内的梵蒂冈建筑群很多都是用意大利洞石建造的。20世纪，密斯·凡·德·罗的现代主义建筑的杰作，巴塞罗那德国馆（1929年，参见本章图2-7、图2-8）的基座部分也使用了意大利洞石。

意大利洞石是多孔质的石头，石头上有无数细小的点状孔洞。我虽然不讨厌它的质感，但是石头不管质感如何，都很容易变成沉重的体块。怎样才能把这种危险而棘手的物质转换成轻质的东西呢？

我首先想到的就是，把石头切成薄片，做成透光透风的、轻巧

图2-61 莲屋的洞石幕墙

的幕墙。我先尝试了条带形状，不知为何，感觉不够轻盈。在此之前我用薄木板做过好几次条形百页的屏挡，都有很好的轻盈感，可是同样的尺寸，改用石材，顿时就有一种沉重的感觉，失去了轻盈和透明。形状和尺寸相同，改变了材料，就会变成另一种东西，这种情况在建筑的世界里经常发生。同样形状的线和点，变成了不同的东西。物质与人的关系就是如此微妙。人的知觉，对物质及其肌理，会直接做出身体上的反应。

于是我改变了想法，放弃了条形，把薄石片按照市松格子[1] 的图案做成了网格状的幕墙。我们先按照实际尺寸试做了样品，不可思议的是，开口率同样是百分之五十，却出现了与条形完全不同的，令人愉悦、轻快而透明的效果。洞石做成的轻盈的点，像花瓣一样在空中飞舞（图2-61）。我们把这个房子命名为"莲屋"（Lotus House）。建筑的前方，池塘里绽放的莲花的花瓣与幕墙上洞石的花瓣，仿佛在和唱着一首歌曲。

---

1 市松格子即方格子交替的棋盘格图案，是一种日本传统图案，因江户时代的歌舞伎演员佐野川市松曾穿这种格子图案的演出服装而得名。

图2-62 Aore长冈，2012年
图2-63 侧面看曲折的墙

这种市松格子图案也出现在长冈的市政厅建筑"Aore[1]长冈"（2012年）的外墙上（图2-62）。这是一个比较少见的中庭形式的市政厅建筑。市民们希望有一个在雪国的冬天也能聚集的广场，听从这样的呼声，我们设计了一个带屋顶的中庭广场，周围环抱着市政办公设施和室内体育场。我们把这个中庭广场叫作"中土间"。欧洲的广场地铺通常是石头，坚硬而正式；我想做一个新型的公共空间，于是和市民一起设计了一个泥土地面的广场。就像日本传统农家常见的"土间[2]"，泥土与石灰混合后夯实的地面，温暖，带一点潮湿，有着独特的质感。

那么，围绕着这个"中土间"广场的建筑外墙，又应该用什么样的材料呢？我想，当然不能是混凝土、石材或者铝材，得用本地产的木材才合适。本地的山里就有品质很好的越后杉。

然而市政厅不是住宅，墙面的高度大约有20米，那么大的墙

---

1 "Aore"是长冈地区的方言，"见面吧，聚一聚吧"的意思。

2 "土间"是日本民居中泥土地面的室内空间的称呼，通常位于进门处，多为劳作、炊事场所。

面，如果只是把木板平贴上去，反而会显得呆板单调，给人气闷的感觉。木头从近处看是很生动的，简直像生物一样，但是站在很大的广场上仰望很高的墙面，木纹也好各种不规则的变化也好，全都感受不到，只会觉得那是一堵棕色的厚重的墙。

因此，为了让人们从远处也能感受到木头的感觉，我们将几块木板合在一起组成一个单元面板，再将单元面板分散排布成市松格子的图案。在这里，我们不是要做一个木头的面，而是要把木头做成点，让它们分散地浮游起来。并且，单元面板安装在墙面上的角度也交替变化，曲折着，每一段都变换着角度（图2-63）。也就是说，从侧面看，做成曲折的墙面，进一步加强了点的浮游感。

此时，如何决定面板的大小，即点的大小是最困难的。如果点相对于整体空间太小，那么点的存在感就会消失，退化为一个呆板的平面。相反，如果点太大，一个个单独的点就会过于自我主张，破坏空间整体的轻盈。只有撒下大小适中的点，才能呈现出点本应具有的，令人愉悦的轻快和透明。

铁路下的石子，自由的点

关于点的大小，人们对铺在铁路枕木下的石子的尺寸所展开的研究给了我很大的启发。车体的荷载被铁轨、枕木、石子多层分散，不会给柔软的大地带来伤害。首先是线状的铁轨因其挠度分散了荷载，再传递到线状的枕木；施加在枕木上的荷载再被铺在下方的石子分散。力经过了阶层式的分散，不会造成地面的洼陷和开裂。

这里重要的是，石子不能粘合在一起，每个石子都要能够自由活动，自由位移。石子不能是被拘束的点，得是自由的点，石子的整体才能起到缓冲垫的作用。

保证这个自由的是石子颗粒的大小。如果用沙子代替石子，沙子这种过于细小的点的集合体是无法分散受力的，集中的荷载会对地面造成损害。经过经验的积累，人们找到了最合适、最经济的点的大小，即石子的大小。

这件事对我思考自然与建筑的关系有着重要的启发。大地所代表的自然，与乘坐在火车上的人之间，有着各种各样的点和线的介入；这些介入把自然与人阶层式地，流畅地连接了起来。建筑也同样，应该成为把自然与人顺利连接起来的东西。铺在枕木下的石子正是建筑的理想——看上去是自由而松散的，实际上却能起到出色的缓冲作用，连接起人与自然。能不能做出这样的建筑？不要混

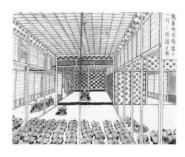

图2-64《长冈城的面影·十二月岁暮祝仪诸士拜谒图》，槙神明宫藏

凝土那种硬邦邦的介入，让各种各样
的自由的粒子来充当媒介，把人类弱小而柔软的身体与宏大的自然
连接起来。我想，如果真有民主主义的建筑，那应该就是铁路轨道
下的石子那样的东西吧。那样地自由，那样地柔韧。

市松格子与俭朴

让我们把话题回到长冈市政厅。长冈市所在的地区，过去叫长
冈藩，以刚健质朴的气质而闻名。在戊辰战争中，城郭外的街市被
烧成了废墟，三根山藩送米百俵[1]作为慰问，长冈藩的主政者却卖
掉了米，把金钱和能量投入了子弟的教育。这个百俵米的故事很有
名，很好地体现了长冈藩独特的精神文化。

长冈市政厅市松格子状的外墙完工的时候，我从当地的地方
史研究者那里听说了一件有趣的事情。长冈藩过去的城堡里，室内
隔扇上的装饰画不是整幅的大画，而是像市松格子那样，用小块小
块的画着绘画或图案的纸张拼贴起来的（图2-64）。

这样，其中的一小张纸脏了或者坏了，只要换掉这一张就可以

---

1 "俵"是秸秆做的捆包袋，一俵约装数斗米。

了。如果是整幅的大画，角落上脏了一点就必须把整幅画都换掉。这种浪费的做法与刚健质朴的精神太不相符，所以长冈城里的隔扇是用小张的纸按照市松格子的方式拼贴起来的。

可以说，市松格子与俭朴节约的精神有着很深的关系。长冈市政厅的木板外墙也是一种节约型的设计。比起贴满整个墙面，格子状的拼贴只需要一半的木材。时间久了，木头脏了，或者因为风吹雨打变色了，都可以一块一块单独更换。因为一块一块的木面板是按照市松格子的方式拼贴的，整体上是分散的点的集合，所以其中的一块面板换成新的也不会觉得突兀。分散的点对施行节约大有帮助。"点"是一种可持续性、灵活性极高的设计方法。

离散性与撒哈拉沙漠

像市松格子那样，"点"分散浮游着的状态，也可以叫作"离散"的状态。我的恩师，原广司先生（1936年— ）把原本是数学概念的"离散"引入了建筑的世界。原先生曾带领东京大学的学生对世界偏远地带的村落进行调研，并将村落布局绘制成图纸，试图从中获得未来城市与建筑的灵感。

在调研中，原先生尝试把数学的方法应用到建筑上。这可能

图2-65 布基纳法索，布格的村落，聚合式住宅的样貌
图2-66 布基纳法索，布格的村落，俯瞰图

是对克洛德·列维–斯特劳斯（Claude Lévi-Strauss，1908—2009年）的模仿。列维–斯特劳斯在文化人类学的研究中，曾从数学中得到过很多启发。村落有着魔术般的魅力，有活生生的生活和家庭，有生机勃勃的建筑。如果不带着数学这种客观的工具进入那里，即刻会被它的魅力所迷惑，失去理性。列维–斯特劳斯和原先生都持有这样的警惕。

1978年冬天，我们这些学生和原先生一起，乘着吉普车，对西非、撒哈拉沙漠周边的村落进行了两个月的调研。旅途中，原先生频繁地提到"离散"这个词。撒哈拉沙漠周边的村落多为聚合居住的形式（compound），小屋相互保持着些微距离，聚集在一起（图2-65、图2-66）。在这个地区，一夫多妻制是普遍的婚姻形态，丈夫每天轮流去各个妻子居住的小屋吃住。妻子们的小屋以中庭为中心，松散地聚集在一起，原先生把这样的形态称为离散的聚落。

点与点保持着距离，松散而随意地聚集在一起，可称为离散的状态；与之相对的是，点与点紧密贴合，没有缝隙的状态。离散的状态才是人际关系的理想状态，所有的点都紧密贴合的终极状态不就是法西斯主义吗？我们在沙漠的旅途中这样议论着。我们还在沙漠里围着火侃侃而谈，未来的建筑，应该以离散为目标，就像

撒哈拉沙漠里的聚合式住宅那样。

对离散的憧憬，也就是对点的关心，因这次撒哈拉沙漠的旅行，开始在我心中萌芽。当我开始用离散这个数学概念来思考建筑，我切实地感受到，数学、量子力学是对建筑进行思考的有力武器。离散数学是现代数学中的一个重要领域，当我们把世界看成离散的粒子式的东西，而不是一个连续体，即刻就能看见一个世界的全新面貌。这正是我从数学中学到的东西。

离散的概念不仅涉及建筑的平面布局，还适用于材料、细节等建筑所有的领域。而所谓离散，不外乎是点的别名。

线

柯布西耶的体块、密斯的线

20世纪的建筑史，也可以看作体块与线抗争的历史。20世纪初，在建筑的世界里引起革命的两位现代主义建筑的领军人物，勒·柯布西耶与密斯凡·德·罗，分别作为体块与线的表现者，展现出了这个时代建筑设计的两个截然不同的方向。

20世纪的第一要务是快速廉价地获得人口与经济爆发所要求的巨大体块，对此，由梁柱，即水平线与垂直线组合而成的立体网格是最高效的解法。将梁柱等线性元素组合起来的线的方法，取代了需将石头、砖块等细小的点一个个耐心堆砌起来的传统方法，即砌体建筑的方法，成为20世纪以来现代社会的默认选项。

20世纪还开发出了可以用混凝土建造出曲面的壳体结构和穹顶结构，但那些都只是特殊的解法，只适合体育馆、教会等形态封闭的特殊建筑；20世纪的普通建筑所依赖的是由线组合而成的立体网格。

在这个立体网格的时代，柯布西耶却刻意把混凝土的体块表现到了极致。他专注于把建筑表现为体块，借以成为这个时代的领袖。"建筑是聚集在光线下的立体（体块）的蓄积，是正确的、壮丽的演出"（《走向建筑》*），他如此定义建筑，表白着对体块的热

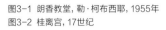

图3-1 朗香教堂，勒·柯布西耶，1955年
图3-2 桂离宫，17世纪

情。古希腊古罗马以来的古典主义建筑，以柱子（线）为特征，统治了20世纪以前的欧洲；作为对这种以线为特征的古典主义建筑的反抗，柯布西耶远离了线，走向了体块。如果说巨大的体块是20世纪这个时代的需要，那么柯布西耶用混凝土去直白地表现这种体块，正是他清晰的战略。一旦把建筑定义为体块，建筑往好里说是获得了自由，往坏里说就是变得暴力。柯布西耶清楚体块的特性，熟练地驱使着体块，时而不惜做出暴力的形态。

柯布西耶对体块的倾向，到了晚年更加激进，最终呈现出朗香教堂（1955年，图3-1）、印度昌迪加尔的新城市建设（参见图1-10）那样的作品，完成了建筑向"体块的艺术"的升华。借助体块的力量，柯布西耶实现了迄今为止建筑所没有到达的自由。

前文提到过一个小故事，柯布西耶应邀去桂离宫（图3-2）参观，曾吐槽"线条太多了"。作为体块派的他，看到无数的线构成的建筑，这是可想而知的反应。另一方面，德国表现主义建筑的代表人物布鲁诺·陶特（Bruno Taut, 1880—1938年）在1933年5月4日他生日

那天, 到访了桂离宫, 却泪如雨下。他曾写到, 这是他"一生中最好的生日"。

陶特没有得到柯布西耶和密斯那样的声誉, 也没有成为时代的领袖。他似乎回避着20世纪这个时代本身。他对混凝土的体块不予理会, 也不关心钢筋铁骨的线, 他对桂离宫那纤细得堪称柔弱的木质的线一见钟情（图3-3）。他是这样一个细腻、容易受到伤害的人, 这样的一位建筑师。日向邸（1936年, 图3-4）是陶特在日本留下的唯一的住宅作品, 在这个建筑里, 充满了他喜爱的纤细的线。他设计了无数细竹子排列的墙壁, 还有灵感来自渔火, 同样是细竹子编织出来的不可思议的灯具（图3-5）。然而, 当时的日本人向往的是美国式的钢铁的线, 工业的线, 完全不理解陶特那些纤细而自由的线, 他在失意中离开了日本。

另一位20世纪的巨匠密斯, 与柯布西耶相反, 选择回避体块, 将线发挥到了极致。密斯不是陶特那样的浪漫主义者, 他使用金

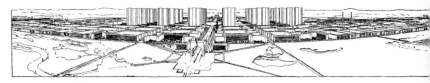

图3-6 "300万人的现代城市",勒·柯布西耶,1922年

属这种20世纪的材料来极力描绘美丽的线。金属的线反复出现在所有地方,将20世纪这个时代所需要的超高层建筑的巨大体块隐蔽起来,融入天空。密斯发现了利用线来处理巨大体块的方法,成为20世纪的冠军。

制造那些美丽的线,需要美国强大的工业力。我甚至猜测,密斯是不是正是因为这个原因才移居美国的。1938年,曾担任包豪斯校长的密斯不容于纳粹当局,移居美国。"二战"后,尽管他有回到德国的选择,但还是留在了美国。当时的美国最需要被线覆盖的巨大体块,也只有美国的工业力才能使密斯优美的线得到实现。

从这个意义上来说,对于密斯,20世纪毫无疑问是美国的时代。密斯不否认这一点,并且乘势而上。另一方面,柯布西耶没有前往美国,待在了欧洲,坚持否定着美国式的东西。柯布西耶并不是对超高层建筑不感兴趣,他多次发表过超高层林立、几近粗暴的城市改造计划,譬如300万人口的现代城市(1922年,图3-6)、沃埃森计划(1925年,图3-7)、光辉城市(1935年),等等。柯布西耶非常认真地想做超高层建筑,而当时的法国知识分子对不惜破坏巴黎也要做超高层建筑的柯布西耶报以冷嘲热讽。或许在法国人看来,想要用超高层建筑来破坏巴黎的柯布西耶,就是一个崇

图3-7 "沃埃森计划", 勒·柯布西耶, 1925年

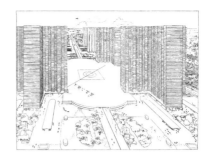

拜美国的古怪的瑞士乡下人。

然而另一方面, 柯布西耶还有过这样的批评, "纽约的摩天大楼太小, 而且太多了"(《当大教堂是白色的时候》*)。巨大的体块当然很好, 但用工厂制造的单调的金属线来掩饰体块, 这种美国式的、密斯式的伪装, 被柯布西耶视为欺骗。

柯布西耶没有在法国实现超高层建筑, 也没有被美国所接受, 他去了一个与法国和美国截然不同、形成鲜明对比的地方——印度。1951年, 他开始参与印度的新城市昌迪加尔的城市规划, 此后, 他不顾高龄, 总计23次到访了印度酷热的现场。在印度这个地方, 用线来修饰体块这种美国式的化妆、遮掩是完全无效的。当时的印度还不存在能够做出笔直的线的技术。只能把混凝土制造的粗暴体块投掷在红色的大地上, 在那片红色的大地上, 柯布西耶发现了与20世纪的美国截然相反的方法。

在印度的奋斗, 不仅对柯布西耶本人来说是一件大事, 之后在世界范围里也产生了巨大的影响。那种被称为"野性主义"(Brutalism)的混凝土的粗野表现手法, 正是始于昌迪加尔。野性主义对日本的建筑也产生了很大的影响, 那种粗犷的混凝土, 脱胎于木纹深刻的杉木模板, 在"二战"后的一段时间里, 一度就是日

本公共建筑的制服。

在我看来，比起几何学支配下的美丽的白盒子——萨伏伊别墅所代表的前半生的柯布西耶，后半生的野蛮的柯布西耶对20世纪的影响更为深远。因为柯布西耶用昌迪加尔证明了，无论多么荒凉的大地都可以建造建筑。在印度的红土上现代建筑也可以成立，柯布西耶向世人展示了无论在怎样的大地上，现代人都可以顽强而生动地生活。这是给世界所有地方带来希望的建筑。这是与密斯的美国崇拜截然相反的方法。

前半生的柯布西耶所主导的现代主义建筑，是工业社会的国际主义建筑，试图让世界变得整齐划一；而后半生的柯布西耶让我们看到了世界多样化的道路，给世界所有的地方带来了希望。不再是国际主义，而是"世界的建筑"（world architecture）。我多次批判过柯布西耶的混凝土建筑，但从昌迪加尔之后的柯布西耶身上，我受到了很多启发。在昌迪加尔，存在着超越20世纪的某种东西。

丹下健三的错开的线

日本的丹下健三（1931—2005年）采用了与昌迪加尔的柯布西耶完全不同的方法去探索多样化及与大地相连接的道路。他试图以

图3-8（图3-8包括右侧上方的2幅图）香川县政厅，丹下健三，1958年
图3-9 日本传统木结构建筑的剖面

另一种方法去超越美国式的、工业社会的线的建筑。

丹下的灵感来自日本的传统建筑。他设计的香川县政厅（1958年，图3-8），混凝土梁柱这些线材的接点是错开的，不是相交在一个点上。

在日本传统的木结构建筑中，经常可以看到线与线错开的组织方法（图3-9）。在一根木材（线）上，轻巧地架上另一根木材（线），错开接点，这样的组织方法不需要在木材上做出缺口，木材的截面没有缺损，能够保持每一根木材，即线的强度。并且，日本的木匠凭经验认识到，即使接点是错开的，力也能传递无碍。可以说，错开的线是日本木结构的一个重要特点。

欧洲式的直角网格，又称笛卡儿网格（cartesian grid，图3-10），是线与线相交在同一个点上，严谨的直角网格正是欧洲现代数学和工学的基础。而日本采用了不同的方法去编织线。日本的木匠知道，错开接点，线会变得更加轻盈自由，空间会产生动感。而且，错开的线，意味着线与线的分节，线不会变成面，会保留着线的状态，产生轻快和透明的感觉。这些都是日本的木匠所熟知的。相比之下，直角网格是图式化的，依赖于幼稚的几何学，而日本

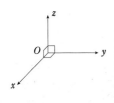

木结构的错开的线，是经验主义的，柔韧的。

丹下也知道错开的线能带来怎样的效果。他将日本传统木结构建筑中错开接点的做法转译在了混凝土建筑上。他用香川县政厅证明了，使用混凝土，也能描绘出不被混凝土体块所埋没的独立而轻快的线。

接下来，丹下为东京奥运会（1964年）设计了国立代代木体育馆。他从大地向天空笔直地竖起了巨大的混凝土垂直线——两根巨大的柱子，柱子上悬拉着钢索。与混凝土的线相比，钢索的线极细，并且因为承受重力形成了美丽的弧度，令世人为之惊叹。丹下一下子成了"世界的丹下"。他第一次画出了混凝土绝不能达成的纤细美丽的线，那是与密斯贴在超高层建筑上，代表着美国工业力的直线完全不同的，优美而柔韧的线。原本只在拉索桥等土木构造物中使用的铁质的柔软缆索，被用在了建筑上，20世纪的建筑史中，出现了像生物一样自由的线。

代代木体育馆两根巨柱之间的主缆进而又分出细缆，使通常容易形成呆板的面的屋顶，转化成了线的集合体。这也为日本屋顶的历史翻开了新的一页。

自从江户时代日本出现了栈瓦（图3-11）这种凹凸片一体化的

图3-12 国立代代木体育馆, 丹下健三, 1964年

屋瓦, 日本的屋顶就失去了美丽的线。后来又从欧洲引进了平屋顶, 作为日本传统景观基础的屋顶之美就消失了。丹下在奥运会这个耀眼的舞台上, 成功找回了日本的屋顶, 找回了屋顶的线 (图3-12)。

从线退化为体块的日本建筑

可是代代木体育馆之后, 也就是奥运会的盛典之后, 日本的建筑再次失去了线。因为不是所有的建筑都可以通过缆索来求解。缆索吊起的屋顶, 比密斯在超高层建筑中使用的锐利的线还要昂贵。为了奥运会这个世纪盛典, 以特殊的单位成本建造特殊的体育馆, 悬索结构才得以实现, 线才得以美丽地飞舞起来。

1964年的盛典之后, 日本的建筑从线的建筑转变, 或者说退化成了体块的建筑。无论是单位成本方面, 还是建筑的功能组织方面, 适合"普通的建筑"的"普通的解法"才是盛典之后的社会所要求的。

不仅是东京, 在各个地方城市, 都必须建造大量的"普通的建筑", 这是处于高速成长期的社会的要求。奥运会之后, 通过持续建造建筑来运转经济、运转政治的"土建政治"系统正式启动。毫不吝惜地投入公款, 以建造"普通的建筑"为引擎, 政治、经济, 日

图3-13 群马县立现代
美术馆,矶崎新,1974年

本社会的方方面面开始运转起来。为了让这个系统能够持续可靠
地运转,必须给"普通的建筑"赋予不为周边所埋没的明确个性。
必须有一个个性化的、明确的身份,将公款支出正当化。也就是
说,需要在不得不成为体块集合体的"普通的建筑"中,追求不被
环境所埋没、谁都能理解的个性化设计,即具有普遍意义的个性
化设计。

像代代木体育馆那样的,由天才演绎的轻盈的线的舞蹈,不是
社会所需要的。社会需要的是能够更加坚实可靠地给建筑赋予个
性的系统性的设计。丹下健三的两个弟子,矶崎新和黑川纪章出色
地回应了这个需求。

在这里提到这两位建筑师,许多读者可能会感到意外,因为两
位都是作为"拥有强烈个性的艺术家"而闻名的,与坚实,或者系
统性似乎全无关系。

然而冷静地分析他们的作品,可以看出,他们其实都是体块的
建筑师。他们巧妙地运用几何学,对混凝土的沉重体块做了形态
上的调整,给它们赋予了明确的身份与个性。

矶崎新使用立方体(cube)来整合普通的混凝土建筑,使之成
为特殊的纪念碑(图3-13)。立方体是与古希腊古罗马一脉相承的

图3-14 "美德殿"（Panarétéon），
克劳德-尼古拉斯·勒杜
典型的立方体建筑

欧洲古典主义建筑的核心方法（图3-14）。欧洲的建筑师擅于使用源于希腊的柏拉图几何学，将容易变得笨重的砌体建筑转换为辉煌的纪念碑。矶崎新也用这种来自欧洲的有力武器，把笨重的混凝土体块转换成了具有象征意义的纪念碑。

而黑川纪章对抗矶崎新，经常使用的是圆锥这种几何形态，同样也给体块赋予了个性（图3-15）。在新陈代谢运动中，黑川纪章的胶囊建筑遭遇了挫折，之后，他回归了古希腊古罗马以来的柏拉图几何体，因转向保守而为社会所接受。

矶崎新、黑川纪章的柏拉图式的体块，立刻成为所有建筑师、设计公司、建设公司设计部门的榜样。因为柏拉图几何体是最容易模仿、最有成本效益的系统性方法。用这种方法建造的建筑，经常被揶揄为"盒子建筑"。"盒子"这个绝妙的命名，正中体块这种方法的本质，道出了高速成长期的社会、政治、经济体系与建筑设计的合谋。丹下以后的日本当代建筑，就这样抛弃了线，退化为体块，走向安逸的批量生产体制；通过建筑的"盒子化"，与政治、经济并驾齐驱。

图3-15 爱媛县综合科学博物馆，黑川纪章，1994年

从小木屋出发

我开始学建筑是在20世纪70年代后半期，正是盒子建筑的全盛时代。矶崎新和黑川纪章作为这一潮流的领导者及推动者，用华丽的语言宣扬着盒子建筑的正当性，正是当时建筑界耀眼的明星。而我却被热衷于探索木结构建筑新的可能性的内田祥哉教授（1925—2021年），以及研究世界偏远地带原始村落的原广司教授所吸引。对封闭沉重的混凝土体块从身体上产生的排斥，让我想跟随他们去学习。内田先生讲述的日本木结构建筑、原先生为之入迷的原始村落，都是与体块的时代格格不入的异物。它们看起来就是杂乱的线的集合体，是离盒子建筑最远的，自由而混乱无序的异物。

我出生成长的家，是"二战"前夕外公建造的一所木结构的小房子。在大井当医生的外公唯一的兴趣是干农活儿，当时东急东横线的大仓山车站附近都是农田，他就在那里建造了一个简陋的小木屋。几乎所有的房间都铺着榻榻米，房间与房间是用隔扇而不是墙壁隔开的。冬天，木门窗的缝隙里会有冷风吹进来。除了玄关泥土地面的工作间大得有点浪费，那只是一个木头、纸和泥土做成的小屋，完全不是所谓和风建筑那种优雅漂亮的东西。小屋的土墙

图3-16 撒哈拉沙漠调查旅行
左起：藤井明、佐藤洁人、作者、
竹山圣、原广司
摄影：山中知彦

上满是裂痕，榻榻米上总是扑簌簌地落着土屑。

那个小屋给我植入了一种小型的尺度感，以及满是缝隙的透气的感受。从这样的感受出发，后来当我看向周围的世界，看着1964年以后变成了日本建筑制服的那些巨大的混凝土盒子，只觉得沉重、压抑，无法忍受。

上大学进了建筑专业，这种违和感越发强烈。当时的建筑教育大力推崇的是柯布西耶与密斯的现代主义建筑，这令我感到非常痛苦。

高迪的线

如前所述，1978年冬天，我跟随原先生踏上了为期两个月的非洲村落调研之旅（图3-16）。我们用船把两辆四驱汽车送到了巴塞罗那的港口。冬季的地中海，来自南方的西洛可风强盛，集装箱船只能停靠在非洲对岸的西班牙。

多亏了大风，我在巴塞罗那第一次看到了高迪（1852—1926年）作品的实物。看到实物，我对高迪的印象发生了变化。以前总觉得高迪是一个做体块建筑的人，沉重的混凝土体块上贴着随机切割的瓷砖，那种造型（图3-17）给我的印象太深刻，令我敬而远

图3-17 盖尔公园，高迪，1914年
混凝土上贴着随机切割的瓷砖
图3-18 盖尔公园里具有透明感的屏风

之。然而实际看到的高迪的作品，充满了纤细的线，特别是铸铁的造型非常优美。据说，他的父亲是一位做铜艺的金工师。当我看到那些精美细腻的金属细节，脑海中混凝土上贴瓷砖的高迪印象就崩塌了。其中我最喜欢的是从实际的椰树叶取模制作的，带有透明感的屏风。椰树叶的线，纤细而锐利，令我惊叹（图3-18）。

高迪从直觉上理解到，植物这种存在，从根本上贯彻着线的原理。植物通过线从地下吸取水，输送到叶子；依靠线支撑着身体。植物是线的集合体。从新艺术运动（Art Nouveau）到高迪，世纪末的建筑师被植物所吸引，开始做纤细的线的建筑，取代以往石头和砖块的体块建筑。

但是，下一代的密斯之后，植物的线就消失了。高迪及新艺术运动那纤细的、寓意着生命的线，曾经是对工业革命及19世纪式的工业的线的一种批判，然而持续极其短暂，很快就被20世纪新一代的工业的线所取代，美国式的工业的线碾压并抹去了这些生命的线。而我想做的事情，也许就是从工业的线回归植物的线。

图3-19 盖尔达耶房屋聚落的样子

点描画法

我们从巴塞罗那开车到马赛,从马赛港乘坐开往阿尔及尔港的渡轮,再从阿尔及尔前往内陆,住在盖尔达耶,据说这是柯布西耶喜爱的城市。从远处看,与其说是城市,不如说是一座小山丘。走近了看,是许多白色的小盒子般的建筑聚集、重叠在一起,形成了一个类似山丘的形状(图3-19)。这是在自然的山丘上,经过长期不断建造小盒子般的建筑,最终形成的介于地形和人工物之间的有机聚落。因为构成聚落的一个个房子都很小,整体看上去就像一座用点描画法[1]描绘出来的山丘。

很久以后,计算机数码设计的先驱、建筑师格雷戈·林恩(Greg Lynn,1964年——)称我的建筑是点描画法的建筑(《点描画法》*,*SD——space design* 398号)。数码技术从根本上来说是利用小点来取得近似,所以格雷戈会关注点描画法并不意外。而在计算机设计成为话题的20世纪90年代以前,我对点描画法产生兴趣,正是因为盖尔达耶。

当人类试图迫近自然的本质,点描画法就诞生了。据说,这是

---

1 "点描画法",又称点彩画法,pointllism。

图3-20 《格兰坎普海景》，修拉，1885年

印象派画家修拉（1859—1891年）在描绘诺曼底的大海时找到的一种绘画技法（图3-20）。海不是形态，是点的闪烁发光让海呈现出了自然的本质。修拉发现了这一点，从而找到了点描画法。

山是有形态的，所以可以用轮廓来描绘山。而海是一种肌理及其变化，无法以形态来表现。我在建筑上的尝试与修拉的方法类似，我想把建筑从形态中解放出来，回到诺曼底大海那样的光点闪烁的状态。

从盖尔达耶南下，越过撒哈拉沙漠之后，村落调研才正式开始。沙漠的尽头，开始出现草原。这里属于热带草原气候带，又称萨瓦纳气候带，广阔的热带草原延绵在沙漠与热带雨林之间。沙漠只能通行，不能居住，进入树木稀疏的草原后，开始有了人的气息，一路上不断能够遇到村落。村民的住房基本上是一些小屋，以大家庭聚合居住的形式散布在草原上。

草原上的住房，基本都是日晒砖砌成的封闭的小盒子组成的集合体，从布局、排列上来看是离散的，确实很有趣。可是走近了从地面的视角去看，就会感受到这是一些封闭而沉重的体块。

热带雨林的细线

然而一旦进入热带雨林,建造房屋的基本材料就变成了植物,建筑也变得轻盈、透明。纤细的线成为村落建筑的主角。封闭的体块的世界不见了,开放的线的世界展现在眼前。这里有各种各样的线,而且比我们常见的铁质或铝质的线要细得多,因为都是树枝、藤蔓、椰树叶构成的,所以细是当然的。比起我熟悉的大仓山老家那种10厘米见方的木材,热带雨林里有一个更纤细的线的世界。

遇见了从未见过的细线,村落的布局也好,形态也好,都从我眼中消失了,都变得无所谓了。这里有一种躺在植物编织的篮筐里,一边感受着风和阴影,一边睡午觉的舒服自在。我想起了小时候,母亲到了晚上会把蚊帐挂起来,那是用植物纤维编织的蚊帐,有着植物的气息和触感,钻进蚊帐里的那一瞬间真是无比地幸福。对孩童时代的我来说,那是最快乐的一瞬间。线是杂乱的或是不整齐的,都不重要,在我眼里,被植物的细线所包围的热带雨林里的居民是那么幸福,令我羡慕。继热带草原之后经历的热带雨林的体验,把我带进了一个全新的线的世界。在经济高速成长期的建筑热潮中,被矶崎新、黑川纪章等建筑师的领袖们所抛弃的线的建筑,如何才能重新活过来,撒哈拉之旅让我获得了重要的灵感。

不过撒哈拉旅行的领队原先生对热带雨林里的植物房子几乎没有兴趣，也许是因为他觉得那里根本不存在他关心的数学。但对于我来说，热带雨林就像一个新的数学的宝库。与矶崎新、黑川纪章差不多同辈的原先生，对紊乱、充满杂质（noise）的草笼子般的建筑不感兴趣，我妄自揣测，是不是原先生也不能摆脱他们那一代人的宿命，非得去做那些混凝土的盒子建筑？

现代主义的线与日本建筑的线

矶崎新、黑川纪章、原先生这一代建筑师放弃了线，因为他们只知道现代主义建筑刚硬粗壮的线。为了打破砖石砌体结构的沉重，现代主义建筑使用了线——用混凝土和钢铁制造成线，再用这样的线组成建筑的框架（骨骼）。这种具有穿透性、可扩展的框架系统完成于20世纪。

然而，框架与线之间还有着很大的距离。用混凝土和钢铁做梁柱框架，是现代主义建筑的基本做法。如前所述，20世纪幼稚的结构计算技术能够应对简单的梁柱框架结构。柱间距10米左右是最有效率的，用混凝土来做，柱子的尺寸需做到1米×1米左右，梁高也需做到1米左右。1米见方的粗大尺寸，是现代主义建筑的标准尺寸。现代主义建筑虽然摆脱了砌体结构，但空间反而变得笨重而煞风景。然而这种粗壮框架构成的10米×10米的无柱空间，却正符合工业社会的需求。因为提供一个10米见方的抽象空间，让人和物在里面自由运动，正是20世纪这个时代的要求。

在无柱的空间里自由移动，这简直就是牛顿力学梦想的化身。物体在抽象的空洞里，遵循运动定律运动，正是牛顿力学所讲述的故事。可以说，建筑是到了20世纪才追上了17世纪的牛顿力学。建筑总是背负着迟到的宿命，几百年后才能追上哲学家和数学家的梦想。建筑是晚熟的。

好不容易追上牛顿的现代主义建筑，那1米粗的框架，在我看来就像混凝土的监狱一般。20世纪，这种粗壮的框架迅速繁衍开来，覆盖了全世界的城市。比起人类纤细而柔弱的身体，这样的框架太过威逼压抑。大到城市，小到住宅，人的尺度消失了，人们一边畏惧着粗壮的框架，一边生活在两百多年前牛顿那发了霉的梦境里。

与此相比，日本传统木建筑的线要纤细得多，不会威胁到人的身体。梁柱的截面尺寸都在10厘米左右，长度也控制在三四米。构成空间的一切都是纤细柔和的线，都是一个人完全能够搬运的尺寸和重量。如此优美的线的技术和创意就沉睡在日本的传统里。

传统论争与绳纹的粗线

日本的现代主义并非一开始就对传统建筑不感兴趣。在"二战"后早期的现代主义建筑里，可以看到木质或铁质的纤细框架，今天看起来也很新鲜。丹下自己在前川国男事务所工作时期设计的岸纪念体育会馆（1941年，图3-21），以及在成城地区建造的自家宅邸（1953年，图3-22），都是力图迫近日本传统木建筑的细线，充满企图心的作品。然而，代代木体育馆的纤细缆索成了最终的精彩，日本的建筑师忘记了细线，一口气奔向了混凝土的粗壮框架。

对于这个转变，20世纪50年代的"传统论争[1]"——一场动摇了"二战"后日本建筑界的大争论也起到了很大作用。白井晟一（1905—1983年）等绳纹派认为，战后早期追求细线的现代主义是弥生式的，柔弱的，主张必须回到日本文化的另一个源头——强有力的绳纹。在这场论争中，弥生派受到了压制，绳纹派占据了上风。矶崎新是丹下的弟子，却受到老师的对立面，白井晟一的绳

1　"传统论争"是1955年至1956年之间，日本《新建筑》杂志发起的一场关于应当如何看待现代与传统之间的关系的争论，众多建筑师参与其中，中心人物主要是丹下健三与白井晟一。日本文化的两种原型——优雅洗练的弥生文化（大陆系）与粗壮原始的绳纹文化（本土系）的对比及取舍扬抑成为中心话题。

图3-21 岸纪念体育会馆, 前川国男建筑设计事务所; 丹下健三, 1941年

图3-22 丹下自宅, 丹下健三, 1953年

图3-23 原爆堂计划, 白井晟一, 1955年

图3-24 节日广场, 丹下健三, 1970年

纹式体块(图3-23)的影响, 在丹下的代代木体育馆之后领导了体块建筑的时代潮流。而绳纹派的代表人物, "爆炸艺术家"冈本太郎(1911—1996年), 在1970年的大阪世博会上, 用粗壮的线(太阳塔)冲破了丹下设计的新型桁架结构的线(节日广场的屋顶, 图3-24)。丹下作为世博会的策划人, 叫来了冈本, 也默许了冈本的爆炸。对于弥生, 丹下自己也感到惭愧, 他也希望能够超越弥生。日本钢铁产业的精粹之作, 丹下的桁架屋顶的线, 就这样被绳纹打破了。冈本粗壮的纪念碑完美象征着, 高速成长期的日本将被意

图3-25 北村住宅，吉田五十八，1963年
铝质的帘子
图3-26 千代田生命总部大厦的茶室，
村野藤吾，1966年
铝板做的薄屋檐

图3-27 帝国饭店的茶室，
东光庵，村野藤吾，1970年

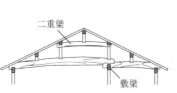

图3-28 "和小屋"的骨架

图3-29 北村住宅的隔断

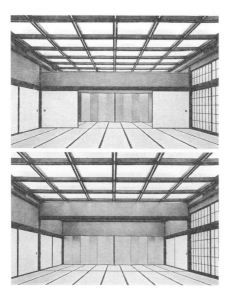

图3-30（图3-30包括左侧的2幅图）
新喜乐1940年以后吉田数次改建
大厅空间可以通过移动隔断扩大缩小

气昂扬的粗线所掌控。20世纪50年代的传统论争可以看作高速成长期的日本建筑的预告篇，线，即将转变为体块。

在高速成长的"粗壮的"日本中，只有几位被称为"和风大家"的建筑师还在追求纤细的线。吉田五十八（1894—1974年）、村野藤吾（1891—1984年）被认为是与丹下、矶崎新、黑川纪章等主流建筑师不在同一个世界的，一种所谓传统艺术承载者的存在。他们被看作专门设计料亭、茶室、高级住宅的特殊建筑师，被置于建筑界的外围世界。高速成长期的日本以这样的形式排除了传统建筑的细线。

"和风大家"所追求的细线，在今天看来，也纤细得令人吃惊。而且，不仅仅是细，他们还使用现代的素材，追求更为极致的线。吉田用细铝管制作帘子（图3-25），村野用弧形的薄铝板代替瓦片来表现屋檐的线（图3-26）。以丹下、矶崎新、黑川纪章为代表的现代主义建筑师只关心如何给体块赋予美丽的轮廓，而吉田和村野他们一直在挑战如何使用现代的材料，做出细腻的点、线、面（图3-27）。从这个意义上来说，他们才是现代主义者。特别是矶崎新和黑川纪章仿效欧洲古典主义回归盒子建筑以后，我觉得吉田和村野才是更前卫的。可是，建筑界无视了他们的智慧与成就。

日本木建筑可移动的线

日本传统木建筑的线，不仅仅细，还是一种可以自由移动的东西。这是一种令人惊讶的未来式的手法。首先，根据生活的变化，纸门窗、隔扇等由线构成的建筑组件可以自由移动，这比20世纪办公空间普遍采用的可移动隔断系统的出现要早得多，而且要轻巧利落得多。并且，更令人吃惊的是，就连支撑建筑的主要结构——柱子，在建筑完成以后也能自由移动。

秘密就在日本木建筑的屋顶构架里。天花板和屋顶之间插入了一个名叫"和小屋"的骨架，类似儿童乐园里的攀爬架。插入这个骨架让整个屋顶获得了牢固的刚性，被彻底稳定（图3-28）。这样，支撑屋顶的细柱在建筑完成以后也可以自由移动。这个惊人的灵活系统完成于14世纪。

能够移动的柱子，世界上其他地方都找不到这样的例子。欧洲建筑的现代化是消除墙壁，通过梁柱框架来实现大空间，这是现代主义建筑所追求的灵活性和生活的自由。然而，日本的木结构建筑却远不止此，改变房屋布局的时候，连柱子的位置都能移动。不同于牛顿力学的粗大柱子、笼统的空间，日本的梁柱是纤细的，尺寸大约只有10厘米见方；空间也不是固定的，是可以灵活变化

图3-31 取面（上）与取芯（下）
图3-32 传统木建筑的骨架，大钟家住宅，
江户时代
图3-33 摆放在地板上的局部的榻榻米，
大德寺真珠庵，室町时代

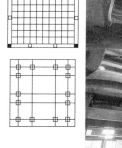

的。日本人在14世纪已经掌握了纤细的，可以自由移动的线。如何超越20世纪现代主义建筑僵硬的大空间，面对这个问题，日本的传统木建筑给我提供了很多灵感。

对于可移动的线，和风大家们也做出了各种挑战。譬如吉田五十八的北村住宅（1963年），改变隔断（图3-29）位置的时候，可以取下柱子；门窗隔扇也可以连边框一起移动、消失。柱子可以消失，地面上的框线也可以消失，就像什么都没有存在过一样，重新铺上榻榻米。同样是吉田改建的新喜乐料亭（1940年，图3-30），大厅的巨大隔断可以通过电动装置移动，从小空间瞬间变成大空间。

取芯和取面

此外，令我深感兴趣的是，日本传统木建筑中线材（梁、柱）的两种定位方法取芯，即以线材的中心线（芯）为准；取面，即以线材的轮廓（面）为准——这两种方法同时存在，并被出色地分别使用（图3-31）。

自古以来，日本的木匠以取芯的方法画图纸，也以取芯的方法

来建造房屋。在民居建筑中，经常会直接使用原木料，或者把弯曲的木材直接用在房梁上（图3-32）。不采用取芯的方法，是无法使用这些"活着的线"的。日本传统木建筑的起点正是这种"活着的线"，源头可以追溯到绳纹时代的竖穴式房屋。

然而随着榻榻米的出现，情况发生了变化。在平安时代的寝殿式住宅中，地面上通常铺设着地板，榻榻米像家具或坐垫一样摆放在地板上（图3-33）。到了室町时代，出现了整个地面铺满榻榻米的方式。对于有限的狭小空间，铺满榻榻米的方式更为舒适合理。要想把榻榻米铺得严丝合缝，柱子的轮廓，即柱子的面就比柱芯更为重要。因为需要在柱子的面与面之间，在由面所限定的平面中，毫无缝隙地把榻榻米铺满。

像这样，由于生活的形式发生了变化，取芯的建筑开始转变为取面的建筑。这种变化始于人口密集的城市，要在有限的空间里更合理地铺设榻榻米，比起取芯，取面的方法更现实、更经济。"京间"（关西京都地区的榻榻米）的铺法，是将每一块榻榻米的尺寸规定为三尺一寸五分[1]×六尺三寸的标准尺寸，再根据这个尺寸来决定

---

1 日本的尺、寸与中国的情况一样，各地各时代都有差异，按现在的标准，日本的一尺（约30.3厘米）比中国的一尺（约33.3厘米）略短。一尺等于十寸，一寸等于十分。

图3-34 双柱，圣玛利亚和圣多纳托教堂，12世纪

图3-35 束状柱，圣礼拜堂，13世纪

图3-36 布鲁内莱斯基的碎片化，圣洛伦佐大教堂，15世纪

柱子的位置，即，以取面的方法来决定建筑的整体。用这个方法，搬家的时候可以将原来的榻榻米带去新居继续使用。而"江户间"（关东江户地区的榻榻米）的铺法，是先定出柱子的芯间尺寸，譬如约三尺、六尺、九尺，以这个芯间尺寸为基准，做出平面规划，再斟酌实际情况填入榻榻米。此时榻榻米的尺寸当然是不规范的，所以搬了新家就无法继续使用原来的榻榻米。京都的方法是城市式的、现代式的；江户的方法是田园式的、民居式的。在日本，这两种方法同时存在，并被巧妙地分别使用。现实中，线也好，面也好，都不是抽象的概念，线有一定的粗细，墙也有一定的厚度，日本的传统建筑分别使用取芯和取面两种方法，适当地解决着实际问题。事实上，江户也好，京都也好，日本的木匠都会根据建筑的具体部位，区分使用取芯或取面的方法。现代日本的木匠也是通过区分使用这两种方法，灵活应对

图3-37　那珂川町马头广重美术馆，2000年

着复杂的现实。

另一方面，在欧洲，线有粗细、墙有厚度的现实也一直困扰着建筑师。中世纪建筑师（工匠）的解决方法是，以两根成对的柱子来支撑连续的拱券（图3-34）；或者把一些细柱聚合在一起，看上去就像一根粗柱，譬如哥特式教堂的束状柱子（图3-35），用复数柱子聚合而成的束状柱来整合网格系统的柱子和拱券系统的厚墙。总而言之，中世纪的建筑师是用线的聚合来应对柱子有粗细、墙壁有厚度的现实。

然而，前文提到的文艺复兴的开拓者布鲁内莱斯基却不喜欢这种解决方法。对于人类在头脑中构想的抽象几何学与由物质构成的现实之间存在的宿命差距，布鲁内莱斯基可以说是一位极其敏感的建筑师。他用元素的碎片化——一种今天看来也很前卫的方法来解决这个问题（图3-36）。拱券、柱子等元素有时被他处理成分离的碎片，就像20世纪的拼贴艺术（collage）一样，独立飘浮在空间里。尽管当时他的这种方法遭到了人们的批判，被认为是对传统建筑样式的无知，但是我们应当看到，是布鲁内莱斯基首次将只能进行公式化、观念化思考的人类在由物质构成的极其复杂的世界里生活时所遭遇的宿命困难、所发生的悲喜剧呈现了出来。

图3-38 《大桥骤雨》("名所江户百景"
系列)，歌川广重，1857年
图3-39 《日本雨中的桥》，凡·高，1887年

布鲁内莱斯基用碎片化的方
法来应对这个困难；日本的木
匠用取芯和取面的兼顾来处理这个偏差；中世纪的工匠采用了双
柱、束状柱的方法。其中最吸引我的，是哥特建筑里无数的线构成
的束状柱的方法。

大桥骤雨，广重的细线

日本传统木建筑中历经岁月打磨的纤细、可移动的线，能否重
新找回来？非洲热带雨林里草笼子般的细线，能否在当代的建筑中
再现？如果纤细的线能够复活，会出现怎样的建筑、怎样的城市，
人与线之间又会生出怎样的关系呢？

带着这样的课题，我开始了线的实践，最先遇到的就是那珂川
町马头广重美术馆（2000年，图3-37）。这是一个专门收藏展出浮世
绘画家歌川广重（1797—1858年）作品的美术馆，通过研究广重的作
品，我了解到，线，对于广重来说是多么重要。其中，广重的代表作
《大桥骤雨》（"名所江户百景"系列，图3-38）给了我重要的启发。

《大桥骤雨》中的线，对两位给艺术界带来了革命的艺术家
产生了巨大的影响。

图3-40 《无畏号战舰》，透纳，1838年

　　一位是印象派的巨人，文森特·凡·高（1853—1890年）；另一位是20世纪现代主义建筑的巨匠，在建筑透明化的道路上迈出了第一步的美国建筑师弗兰克·劳埃德·赖特。

　　凡·高用油画临摹了广重的《大桥骤雨》（图3-39），把广重视为自己尊敬的导师之一，与17世纪荷兰出身的大画家伦勃朗以及与自己同时代的塞尚相提并论，对这位遥远东方岛国的浮世绘画家不惜溢美之辞予以盛赞。

　　另一方面，赖特曾在著作中说，如果没有与广重、冈仓天心这两个日本人相遇，自己的建筑就不会诞生。其中，包括《大桥骤雨》在内的"名所江户百景"系列画作，对赖特来说是非常特别的作品群。他曾经盛赞，"（'名所江户百景'系列）在风景画的创意中是迄今为止最伟大的，在艺术的历史中也是完全独特的"（1950年在塔利埃森[1]学社的演讲）。

　　那么，究竟是《大桥骤雨》的什么吸引了这两位艺术界的革命者呢？

1　"塔利埃森"是1932年赖特在美国威斯康星州建立的生活、工作、教学基地，1937年他又在亚利桑那州沙漠里建立西塔利埃森，作为冬季的运营场所。两处塔利埃森现均为世界遗产。

图3-41 《干草车》，康斯太布尔，1821年

秘密就是"骤雨"的线。直到19世纪，欧洲的绘画都是沉重的体块所支配的沉重的世界，两位艺术家都曾苦苦追求让体块解体的方法。对于他们来说，与广重的线相遇，仿佛是打开了新世界的大门。

让我们仔细看一下《大桥骤雨》里的线。画面的最前方是用线表现的骤雨，那些线形成了一个空间上的层面，与欧洲绘画的透视法不同，《大桥骤雨》是通过多个薄薄的"层"（layer）的重叠，赋予空间三次元的深度。

文艺复兴时期出现的透视法的基本原理是把近处的事物画大，远处的事物画小，因此也被称为远近法。运用远近法，可以很容易表现出三次元空间的深度。而广重采用了完全不同的方法。在《大桥骤雨》中，架在河上的木桥是向远方伸展的，但桥并没有逐渐变窄，是以同样的宽度直达对岸。桥面下方的脚架就像一座透明的屏风，使得河流近处与远方之间的距离、远近得以表现。因为是细木条构成的木结构的桥，才有可能成为一座透明的屏风。线造就了透明性，木结构的线与透明性有着不可分割的深刻关系。或许可以这样说，正因为日本是木结构的国家，所以不需要透视法。

更值得注意的是，雨这个自然现象被置换成了直线这个数学上

的抽象存在。美术史学家指出，这种置换是极其东方的，在传统的欧洲绘画中是不可能发生的。欧洲绘画的大前提是，自然是一种暧昧的、难以捕捉的、没有形状的东西，与具有明确几何形态的人工物形成对照性的关系，是一种异质的存在。自然与人工是对立的，人工处于上位，自然处于下位的自然观，是欧洲绘画的根本态度。

19世纪的欧洲绘画，兴起了"自然的发现"，核心人物是英国画家威廉·透纳（1775—1851年）和康斯太布尔（1776—1837年），他们把目光投向从前不会成为绘画对象的自然本身，把自然作为绘画的主角来描绘（图3-40、图3-41）。然而，即便是被称为风景画家的他们所描绘的自然，依然是没有明确形态的模糊的存在。透纳和康斯太布尔的基本方法是，把船或建筑物等具有明快形态的对象，与没有形态、模糊不清的自然现象进行对比。在这种对比的背后，依然存在着一种人类中心主义的傲慢，即，自然是人类无法控制的、古怪而暧昧的东西。风景画家们也没有能够从人类中心主义的桎梏中摆脱出来。

而在广重的《大桥骤雨》中，桥和雨都是同样以几何形态——抽象的直线来描绘的，既不存在人与自然的对比，也不存在人工物在上、自然在下的人类中心主义的等级观念。人工与自然的划

图3-42 广重美术馆的杉木线
图3-43 和纸包裹的杉木线

分本身，原本就不存在，一切都作为等价、平等的东西，被安排在同一个平面上，重叠了起来。

关于东西方自然观差异的研究有很多，譬如有研究称，欧洲人的大脑对虫鸣的认知是一种令人不快的杂音，而日本人是用大脑的同一部位来处理音乐和虫鸣的，诸如此类。

本书的目的并不是深入这样的研究，不过，《大桥骤雨》中的线让我看到了一种把自然与人工同等对待的方法，这给广重美术馆的设计提供了重要灵感，也启发我去思考什么是人工，什么是自然。

骤雨一样的建筑

我想，应该把收藏广重作品的广重美术馆设计成一个"骤雨"一样的建筑。如何让"骤雨"化身为建筑呢？首先，建筑材料我们决定采用从场地背后的八沟山采伐的美丽杉木，八沟杉。建筑物附近产出的木材是最好的材料，这是日本木工的传统智慧。后山的

图3-44 《庄野》（"东海道五十三次"系列），
歌川广重，约1833年

土壤及气候中诞生的线，与构筑山脚下的建筑的线，处于相同的温度、湿度和日照条件，使用后山采来的木材，不容易出现扭曲、反翘等变形问题。

后山里的线，与建筑中的线，在温度、湿度相同的空气中产生共振。线，不是抽象的存在，是有生命的活物。倾听线的共振，从后山的杉树林、到建筑，再到室内，眼前浮现的是这样一个渐进（gradation）的画面。那么，从自然到人工物，再到人的身体，我能不能把这个舒缓的渐进呈现出来？我能不能用重叠的层把这个渐进呈现出来？从后山的杉树林到我们这小小的身体，就像广重的《大桥骤雨》，雨、桥、河流、对岸的树林，层层叠叠。

日本的传统建筑原本可以看作一个渐进的装置。线构成的一系列透明配件（玻璃门窗、竹帘、纸门窗）构成了很多的层，在自然与人的身体之间进行着舒缓的调节。而身体的周围还有衣服的介入，为柔弱的身体提供着细心的保护——这也是一些层的集合体，十二单衣正是层的终极形态。层层推进的渐进，时而诱人向外，时而诱人向内，柔和地包容、保护着人的生活。在日本，建筑不是森严的屏障，是一连串的层的松散连接。

在广重美术馆，首先，我们将杉树锯成线形的木材，排布在建

142

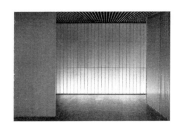

图3-45 杉木细格栅上蒙着和纸的隔扇

筑的最外层、最靠近后山杉树林的位置（图3-42）。杉树林的形态原本就是线，加工成线形的木材后，线变得更加纤细，更加明确清晰。就像雨原本只是水滴的集合体，在广重的画中被抽象成直线，让画面变得透明，我对杉树实施了同样的操作。为了获得线所应有的锐利，我把木线的尺寸定为正面30毫米宽、侧面60毫米厚，以侧面深厚的阴影去衬托正面纤细的观感。木线排列的间距是120毫米，线与线之间留出了充分的空隙，让空间变得更加通透。

在杉木线这一层的内侧，有一个玻璃层，将室内外的空气隔开，无边框的设计让人几乎意识不到玻璃的存在。再往内，又排列了一层相同尺寸的杉木线，这一层的每根木线都包裹着薄薄的和纸（图3-43），线，带上了稍许的柔和，发生了质的变化。

广重对"线质"的变化异常敏感。版画艺术必须经由刷版师才能完成，可以说，刷版师是木版画的另一个创作者。刷版师对线的表现、定义，会让完成的版画呈现出截然不同的表情。广重与刷版师最大程度利用了木头这种材料的柔软特性，给线赋予了令人惊讶的多样表情。

就像康定斯基从版画中学到了很多一样，我在点、线、面的认识处理上从版画中获得了很多灵感。版画的制作过程中有很多他

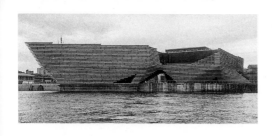

图3-46 V&A·邓迪, 2018年

者介入，按照拉图尔的说法，有很多行为者参与其中。刷版师也是行为者，木版的木头、颜料、水也都是行为者。通过行为者之间的各种合作、抵抗，创作者才得以触摸到形态、色彩背后点、线、面的秘密。

在广重的另一件作品，"东海道五十三次"系列的《庄野》（图3-44）中，可以看出创作者是如何执着于线的表现的。通过线的粗细的细微差异，利用"线质"的变化，在画面中表现出了深度，在平面中表现出了三次元的空间。欧洲画家专注于用线去勾勒怎样的形态、怎样的轮廓，广重的方法却完全不同，他的注意力集中在线的本身。《庄野》所描绘的既不是形态也不是色彩，只是线的重叠。《庄野》的画面与实际的庄野有什么关系并不清楚，我们看到的是，广重借"庄野"这个题材，进行了线的实验，探索了线与世界的关系。

广重美术馆和纸包裹的那层木线再往里，还有一层细木格栅上蒙着和纸的隔扇（图3-45），是像蒙鼓面那样，用和纸把细木格栅连边框整个蒙起来的做法。像这样，建筑的外部是杉木林，建筑的最外层是杉木线，往里，第二层是玻璃，第三层是和纸包裹的杉木线，到了第四层，杉木线藏到了背后，蒙在木格栅表面的和纸成

图3-47 奥克尼的悬崖
图3-48 制造富于阴影的悬崖的肌理

为主角，展现出柔和的面貌。三层杉木线
的尺寸规格都没有变化，只是根据和纸这
个行为者是否介入、如何介入，线发生着
质的变化。线发生着质的变化，但120毫米
的间距不变，线的节奏始终如一。相同的
节奏，不同的乐器，演奏出不同的乐曲。

　　线发生着渐进的变化，不同的线形成不同的层，如此，我试图
将自然与身体、内与外无障碍地连接起来。没有透视法，也不需要
透视法的亚洲，在悠长的时间里淬炼出了这样的方法。无论是绘
画还是建筑，我们都能够表现出深度，我们的身体无障碍地连接
着世界。广重对这样的方法熟稔于心，他对线的运用如此精妙，令
凡·高和赖特感到震撼。

V&A·邓迪的线描画法

　　在设计广重美术馆的过程中，我直面着一个问题，那就是自然
的线与人工的线的差异到底在哪里。

　　广重美术馆的基本原理是渐进，从杉树林粗犷、原始的线，到
建筑内部最里面一层、和纸背后作为影子存在的抽象的细线，层层

渐进。这个过程也可以说是从绳纹到弥生、平安、数寄屋[1]的渐进。杉树林是带着树皮、随机排列的，广重非常了解随机的线能带来怎样的效果和意义。他画的雨，是在均匀的细线构成的简单节奏中，混入了随机的线。他知道自然的本质是不规则，因此混入了角度不同的线，把线升华成了雨。人描绘的线，转化成了自然。

在苏格兰的维多利亚与阿尔伯特博物馆·邓迪分馆（V&A·邓迪，图3-46），我也援用了这个方法来做建筑外墙的设计。邓迪这个城市位于泰河的入海口，V&A的建筑用地就在城市的南部边缘，正面对着泰河河口。

我们的设计是让建筑向河面伸展，建筑的一部分是建在水中的。这种水边的建筑，通常的做法是让建筑与自然保持一定的距离，免受自然的威胁，并把建筑作为与自然性质相异、分属不同领域的东西来进行设计。

---

1 "从绳纹到弥生、平安、数寄屋"，为概括日本各个历史时期文化风格特征的习惯性表达，应用在建筑样式、室内装饰、生活物品，甚至服装等方方面面。大致上，绳纹代表日本原生的本土文化，原始遒劲，倾向动态，非常男性化；弥生代表伴随着农耕文明渡来的古老大陆系文化，比较古雅细腻，倾向静态，相对于绳纹，较为女性化；平安代表国风化以后的日本贵族文化，体现贵族式的优雅；数寄屋代表风雅的茶人文化，不拘体制、简素又最为精细。

图3-49 微热山丘南青山店, 2013年

图3-50 张开的孔洞,仿佛悬崖上的洞穴

强调建筑与自然的差异和距离,是欧洲建筑设计的基本出发点。为了显示差异,建筑会被抬高坐落在基坛上,或者用脚柱架空底层。发明了脚柱的20世纪的现代主义建筑正是秉承了欧洲的正统血脉。

然而我们想把建筑建在河水中,使它在自然与人工之间,成为一个中间性的存在,让自然(河流)与城市无缝连接。我们试图否定欧洲建筑的基本方法,否定自然与人工的对比,让自然与人工消除隔阂,松弛、柔和地连系起来。

那么,介于自然与人工之间的中间物,应该是怎样的形态呢?邓迪的北部,苏格兰奥克尼群岛海岸的悬崖(图3-47)给了我们灵感。在大地与水体交接之处,不存在纯粹的几何学,因为大地和水都包含着许多"噪点"(noise),作为交接点的悬崖必然扭曲、暴烈、不规则。从海面高耸而起的悬崖,经历了大海与陆地的长期斗争,脱离了幼稚、图式化的几何形体,抵达褶皱,即,随机的线的集合体。自由而复杂的线,包含着无数的噪点,就像广重的雨。

我想在海与陆地的边界上,做一个悬崖一样粗犷而随机的建筑。做这个人工的悬崖,我们没有用现场浇筑的混凝土,我们采用了工厂制造的长条形状的预制混凝土板块。在预制混凝土板块形成的线与线之间留出空隙，空隙处产生了微妙的阴影，我们想用这些阴影去表现悬崖的肌理（图3-48）。也就是说，我们使用预制混凝土的线，借助线与线之间的余白所产生的阴影的力量，去抵达悬崖这个自然的存在。我们用"线描画法"，而不是点描画法，去迫近自然复杂而不断变化的本质。余白带来的阴影随着季节、时间的变化而变化，呈现出各种各样的表情。线，是为了制造余白而存在的，余白才是主角。

线的长度、角度、安装方法，我们用计算机反复进行了研究。应该赋予怎样的噪点和随机性，才能让预制混凝土这种直线状的工业产品迫近自然的粗犷呢？

这里存在着无数的小单元构成的几近无限的组合。要从这无限中选择与邓迪水边这个独一无二的场地所相称的解，就必须使用计算机技术，进行无限次的计算、无限次的试错。仅条形预制混凝土板块的尺寸就存在无限的可能性，其截面形状、表面的肌理也存在无限的可能性。

不仅是在V&A·邓迪，我们曾做过很多尝试，试图通过无数细小的点、线的聚集，去迫近自然（图3-49）。这是一种新的点描画法，是"线描画法"。修拉想在油画里再现大海这个生命体，他放弃了黏腻的色块，向点的集合迈出了重要的一步；我们也想用无数点、线的可能性去迫近自然。而我们能够去探索由无数点、线组合而成的粒子设计，是得益于计算机技术的帮助。在计算机的帮助下，我们试图去触及自然的本质。在邓迪，从计算机提供的无限选项中，我们最终抵达了那样的噪点、那样的随机性、那样的模糊性。

这是一个预制混凝土板块随机组合而成的集合体，正中开了一个很大的孔洞，仿佛悬崖上的洞穴（图3-50），正朝着邓迪中心街道联合大街的方向。人们像是被洞穴所吸引，纷纷涌入河岸边这个悬崖般的建筑。

邓迪的河岸一带曾经很荒凉，仓库林立，人迹罕至。工业社会在世界各地都留下了这种满是人工残骸的荒原。我们想做的就是在自然与人工之间的空白地带，创造一个介于自然与人工之间的中间性的存在，重新连接起城市与自然。悬崖教给了我很多东西，广重的雨也给了我很多灵感，我们将邓迪的城市与河流、与自然重新连接了起来。

活着的线与死去的线

在思考线的自由时，英国社会人类学家蒂姆·英戈尔德（Tim

Ingold，1948年—　）的著作《线——线的文化史》*（以下简称
《线的文化史》）给了我很多启发。

英戈尔德把线区分为两种，一种叫线（thread），另一种叫
轨迹（trace）。原本他并不是在思考线的问题，他是在思考说话
（speech）和唱歌（song）的区别。音乐在欧洲原本是被理解为语
言艺术的，语言与声音没有区别，音乐的本质被认为是语言的韵
律。然而从某个时候开始，音乐被认为是去除了语言元素的无言的
歌曲，音乐失去了语言，语言失去了声音，陷入了沉默。英戈尔德在
思索其原委的过程中，想到是不是记述（writing）这一行为导致了
这个沉默。同时他想到了线，虽然都是线，其实是有两种线，一种
是包含了一切的自由的线；一种是将线的运动刻印、记述在二次元
的平面上，作为最终的结果得到的一个轨迹。

英戈尔德对线的区分，有些类似本书《方法序说》章节中提
及的量子力学对线的不同定义。对微小的蚂蚁来说，水管这条线
是纵向、横向都可以行动的自由的空间；而对鸟这种较大的生物来
说，是只能单向移动的不自由的空间。现代量子力学就是这样，相
对地定义着线，相对地定义了维度这个存在本身。

英戈尔德也一样，将线区分为线和轨迹。他的区分方法与量子

力学的区分有些不同。量子力学是根据线与主体的相对的大小关系，对线做出不同的定义；而英戈尔德是通过导入时间概念，将线区分为自由持续生成的"活着的线"，以及作为运动的刻印，在事后留下的"死去的线"。

这个对比让我想起日本传统木建筑中，取芯与取面的对比。被取芯的方法定义的木材是活着的线；而被取面的方法定义的木材是拥有平滑的表面、被加工、被杀死了的线。

笔蚀论的线

然而，我又开始思考，线的生与死，真是那么明确吗？书法家石川九杨（1945年—　）提出过一种"笔蚀论"，按照他的核心观点，线的生死的界线并不像英戈尔德所说的那样明确。也只有日复一日以肉体和笔与线进行着对话的实际创作者，才得以深入并直接触摸到线的生死之界吧。

石川指出，西方的硬笔（钢笔或圆珠笔）与东方的软笔（毛笔），就画线这一行为与作为其结果的"痕迹"之间的关系而言，有着很大的差别（《笔蚀的构造——书写的现象学》*）。西方的硬笔是用尖锐的笔尖在硬质的对象上刻画伤痕，因而作者会有一种随

图3-51 白桦与苔藓构成
的森林中的教堂, 2015年

心所欲的感觉。而东方的软笔, 会在施力与抵抗力之间发生某种不确定的"游离=偏差"。那么, 或许可以这样理解, 西方硬笔刻画的线, 是行为的痕迹, 是死去了的线; 而东方软笔的线, 由于主体与客体之间的偏差, 是没有完全死去的线, 或者说, 是持续活着、不肯死去的线。

石川还提到了东方的墨和西方的墨水的墨色问题。西方墨水的黑色, 很难从中看出浓淡, 因而通常被视为书写行为留下的痕迹, 也就是死去的线。而东方的墨迹, 有浓淡, 有飞白, 线并没有完全死去, 是一直活着的线。我从石川那里学到了西方的线与东方的线的差异。在东方, 生与死的边界是模糊的, 已应死去的线, 却还有着生命, 还可以听到呼吸的声音。

徘徊在生死边界的线

在旧轻井泽的白桦林中, 我用白桦和苔藓设计了一座透风的森林教堂(2015年, 图3-51), 对活着的线和死去的线的差异进行了各种思考和实验。在森林中, 白桦是名副其实的活着的线, 生机勃勃地站立在大地上。我想让白桦保持着刚刚采伐下来的样子, 直接成为建筑的支柱。用带着树皮带着生机的线做建筑的结构,将活着的线藏入活着的白桦林中。活着的线，与刚刚死亡却尚未完全死去的线共同存在着，生与死的边界、自然与人工的边界，是如此地模糊、不明确。

栃木县的广重美术馆坐落在八沟杉森林的近旁，从原木锯出来的木线逐渐过渡到和纸包裹的线，从活着的线一点点过渡到死去的线，我们尝试用这样的方法来抹去森林与建筑的边界，将自然与人工融和起来。在轻井泽的白桦林中，我们做了进一步的尝试，把带着树皮的白桦树干直接投入建筑，让本应属于死域的建筑重返生域，让建筑徘徊在生死的边界。

直接用白桦的树干做建筑的柱子，技术难度很高。需要在树干中埋入细铁线才能支撑建筑。最费心思的是，要让这种特殊的线构成的人工树林与四周天然的白桦林所产生的线的节奏达成同调，让天然白桦林随机的节奏在不知不觉中，不落痕迹地过渡到建筑化了的白桦树干的节奏。

在思考白桦的生与死的过程中，我意识到了一件很重要的事情，那就是树木在活着的同时其实也在一点点死去。树木的成长和年轮的积累，就是树木在一点点积蓄死亡。通过积蓄死亡，增加死亡的领地，树木练就了能够抵挡风雨的强健身体，从而得以在严酷

图3-52 碳纤维

的自然中生存下去。树木是通过死亡而活着的。比起草,树木内藏着更多的死亡。

树木被砍伐之后,还会随着温湿度的变化伸缩、呼吸,跟活着的时候一样。砍下桧柏树,会有扑鼻的香气,这是树木在叫喊它还活着。就像东方书法里毛笔描绘的笔迹,树木的线也徘徊在生与死的边界。

在我的思考中,大地的连续性与柱子的布局同样重要,甚至更为重要。我尝试把白桦林地面上遍布的苔藓延伸到教堂里,把大地延伸到室内。室内的苔藓地上放着亚克力的凳子,透明的凳子不会对地面的连续性造成破坏。支撑身体的地面、作为基准面的地面,连续的大地比什么都重要。对于生物来说,支撑身体的地面有着无比的重要性,这是詹姆斯·吉布森的功能可供性理论的核心。吉布森发现,生物不是通过左右眼视差产生的立体视觉来测定空间的深度,是利用基准水平面上的各种各样的粒子和线来测量、感知空间的深度和广度,并在此空间中找到自己的存在。因为有基准面的存在,属于这个面的点和线会奏起一段乐曲,产生一个节奏。如果没有基准面,无论有多少点和线,都无法产生节奏或音乐,生物无法对这个环境产生归属感,从而也无法在这个环境中生存下去。

图3-53 小松材料纤维研究所"fa-bo"，2015年

在日本传统建筑中，刻画在地面上的线，比如榻榻米的边框、地板的接缝，这些线存在的意义可以用吉布森的功能可供性理论来做出很好的说明。能剧舞台的地板有规定尺寸，因为能剧演员被面具遮住了大部分视野，需要用脚底去感触地板上的线，一边数着线，一边测定自己的位置，再迈出下一步。榻榻米有规定尺寸，不仅仅是为了搬家可以带走或者便于计算房间面积。房间里铺着相同尺寸的榻榻米，可以瞬间测定空间的深度、物体与自己的距离，确认自己所在的位置。通过榻榻米的边框线，人们得以确认"这是属于我的空间"。为此，榻榻米的边框还被织物包裹起来，进一步强调着它作为线的存在。而仔细观察榻榻米的席面，还有蔺草纤维形成的线束，这些都能让我们更精确地把握自己的位置及步行的速度。

极细的碳纤维线

小松材料纤维研究所"fa-bo"（2015年）位于石川县能美市，面向日本海，这是我们做过的最细的线。

当时，小松地区的这家纤维企业希望我们对这栋位于日本海海边的三层混凝土建筑进行抗震加固。

抗震加固通常是在原有的结构体上增加钢质的棒状材料——钢管或H型钢，来提高抗震性能。钢质的棒状材料，也就是工业化生产的强硬的线，被认为是最适合的材料。

可是，用钢铁的交叉支撑来加固建筑，看起来实在很惨烈，就像诞生于20世纪工业社会的线的亡灵还在游荡。我一直有这样的想法，能不能用更细的线来做抗震加固呢？

我们向这家纤维企业提议，用碳纤维来做抗震加固。我们想用碳纤维这种极细的线来挑战一种柔韧的抗震加固。而且，纤维与钢铁不一样，不会因海风的侵蚀而生锈。

碳纤维具有比钢缆索更强大的拉伸强度，而且非常轻，也不会因受热拉长变得松弛。没有热伸缩，就无须定期紧固，作为线的性质是出类拔萃的。

具体的做法是在建筑物周围的地面埋入钢梁，用碳纤维这种魔法般的线将钢梁与建筑连接起来（图3-52）。外墙及内部的隔断墙也需要同时加固，那里也使用了这种碳纤维线。碳纤维的线，与粗壮的钢铁固件不同，给沉重的混凝土建筑添加了柔和细腻的表情。对照着建筑粗壮的混凝土框架，这些碳纤维的线看起来就像蜘蛛丝一般。蜘蛛丝不仅细，还柔软，有韧性、黏性。如果能用

图3-54 富冈仓库的碳纤维加固，2019年
图3-55 富冈仓库交织在空中的碳纤维

这种类似生命的线来做建筑，高迪及新艺术运动曾经追求，又遭遇挫折的"活着的线"或许就能获得新生。蜘蛛丝般的线描绘着曲面，连接起大地与建筑，这个曲面就像大气中的极光一样，飘浮在日本海的天空与大地之间（图3-53）。

富冈仓库，丝一般的线

我们运用纤细的碳纤维线，在"fo-bo"中所做的尝试，可以说是丹下健三未能完成的"新型的线的建筑"在半个世纪之后的复活之战。对于由密斯完成的，20世纪的线的建筑，丹下曾经想要超越，却最终未能实现。密斯的那种以H型钢、I型钢构成的线的建筑，在20世纪美国领导的工业社会，是代表着钢铁与混凝土文明的制服。而所谓混凝土，就是把碎石子、沙子、石灰岩等大地的产物碾碎成点，再以钢铁的线束缚而成的块；如果没有内部的钢筋（线），混凝土是无法荷重，也无法抗震的。从这个意义上来说，作为20世纪时代引擎的混凝土建筑也好，汽车产业也好，其主角都是坚硬的钢铁的线。

回过头去看，以金工匠人为起点开启了职业生涯的布鲁内莱斯基，从金属中学习了线，利用线实现了佛罗伦萨的巨大穹顶，从那时起，建筑就开始步入现代。从布鲁内莱斯基的线，到密斯的超高层建筑的钢铁之线，现代建筑史就是围绕金属的线展开的线的历史。而现代国家与钢铁，或者说现代这个时代与钢铁，本就是无法分割的关系。

那么，有没有其他的线可以代替金属的线呢？差不多也该从金属的线毕业了。当我遇到碳纤维的线，瞬间就点燃了心中的执念。文艺复兴以后的建筑在设计上、结构上都依赖于金属，如果能从金属毕业，那么，建筑或许就能改换一个方向。

在"fa-bo"，我们将碳纤维用于混凝土建筑的加固；在富冈仓库（2019年），我们又用碳纤维的线对拥有纤细框架的木结构建筑做了加固（图3-54）。群马县富冈市过去曾经是真丝之城、纤维之城，木结构的富冈仓库就是一百多年前建造的丝绸织物的仓库。用纤维来进行抗震加固，似乎是最适合这里的解法。

木结构建筑的抗震加固并没有想象中那么容易。最常见的方法是加入斜向的交叉支撑，但如果用笨重的木质支撑，就会破坏木结构建筑原本的纤细面貌，那就完全搞砸了。

用钢筋来做支撑也有问题。因为钢铁比木头重，用钢铁做加固，建筑自身会变重，为了承受这个重量，就需要更粗壮的钢筋。

这样陷入无谓的恶性循环，木结构的纤细感也完全丧失了。

木结构建筑的精髓就在于，以轻巧的木质的线，构建出能够抵抗地震的强大结构体。如果与沉重的钢铁组合在一起，这种轻巧、温柔而平和的秩序就会被破坏。而使用碳纤维那样轻盈又坚牢的材料，木结构建筑就能保持其轻巧的同时获得抗震的强度。

在富冈仓库，我与结构工程师江尻宪泰先生一起思考了最合理的木结构加固方案。江尻先生懂得碳纤维与木材的契合，他已经在京都的清水寺和长野的善光寺用碳纤维做过文化遗产建筑的加固。

对国宝和重要文化遗产进行加固时，不能让人看见加固构件，碳纤维被用在屋顶天花板背后等看不见的地方。但是在富冈仓库，我特意让碳纤维的线曝露出来。白色的碳纤维线在空中飞驰，就像孩子们玩的翻花绳的游戏（图3–55）。用铁或不锈钢的缆索是无法翻花绳的，花绳转折的地方，钢铁的材料会断裂。如果不在接点加入别的金属连接件，线与线就无法连接，线的结构就会被破坏。而碳纤维本身就是丝线般的东西，所以接点不会成为弱点，有了碳纤维的线，翻花绳的自由和柔韧，就可以在建筑中实现。

钢铁的线必须在接点插入其他连接件，受到接点的束缚，称不上是自由的线；而翻花绳的线是可以自由连接的线，是英戈尔德在《线的文化史》中发现其价值的活着的线。那不是作为痕迹的线，是柔韧地活着、优雅地飞舞在空中、追寻着新的几何学的线。我一直梦想着，什么时候能让建筑从金属毕业，用活着的线来做建筑。在真丝之城富冈，在富冈仓库里翻花绳的实践，让我终于有机会去尝试开启一段崭新的线的历史。

面

图4-1 施罗德住宅,里特维尔德,1924年
图4-2 红蓝椅,里特维尔德,1918年
图4-3 Z形椅,里特维尔德,1934年

里特维尔德VS德·克勒克

为了容纳20世纪爆发的人口与经济,实现巨大的建筑体块,刚性、黏性、气密性优秀的混凝土材料成了时代的选择。但同时,也一直有建筑师不断探索着如何去分解体块,创造轻盈透气的空间。

荷兰风格派(De Stijl[1])的年轻建筑师尝试以薄薄的面来分解体块。风格派的核心人物、建筑师格里特·托马斯·里特维尔德(Gerrit Thomas Rietveld, 1888—1964年)在施罗德住宅(1924年,图4-1)中对体块做了彻底的分解,给建筑界带来了巨大的冲击。里特维尔德的父亲是做家具的工匠,他自己也是从做家具起步的(图4-2、图4-3),也许正是因为这个原因,他很容易就实现了面的建筑。作为体块的建筑需要闭合,而家具就没有这个必要。欧洲的冬季气候恶劣,闭合是建筑的大前提。而在日本,闭合并不是建筑的必需,甚至还有这样的古训,"建造房屋应当主要考虑夏天(的需要)"(《徒然草》第五十五段)。

---

1 荷兰语"De Stijl",即"the style",意为样式、风格。

图4-4 德·克勒克的椅子
图4-5 茅草屋顶的住宅,
克拉默

在"保守"的欧洲,里特维尔德从家具那里学到了用面来进行"构成"的方法。面与面、面与线组合起来,不用闭合也能成为家具。只要用面与线支撑起身体或物品,家具就能成其为家具。里特维尔德认为,建筑与身体之间也可以是这种自由而松散的关系,于是有了施罗德住宅这个"大件的家具"。

比起里特维尔德的构成主义式的椅子,更令我感兴趣的是,与里特维尔德同时代的荷兰建筑师米歇尔·德·克勒克(Michel de Klerk, 1884—1923年)从农家生活中得到灵感而设计的草绳椅(图4-4)。柔软的线做成的扶手,能够很好地适应身体。

德·克勒克和他的弟子皮埃特·克拉默(Piet Kramer, 1881—1961年)试图将荷兰茅草农舍的朴素与现代生活结合起来(图4-5)。他们的设计给日本现代主义设计的先锋人物、分离派的创立者堀口捨己(1895—1984年)也带来了很大的影响。1920年,堀口与东京大学建筑专业的同学一起发起了日本最早的现代建筑运动。他发表了作品紫烟庄(1926年,图4-6),将茅草屋顶与现代式的"盒子"做了结合。年轻天才的登场,给"二战"前的日本建筑界带来了冲击。茅草屋顶的农舍在当时的荷兰和日本都是很常见的景象。德·克勒克和堀口都将现代主义看作对工业化时代潮流的批

图4-6 紫烟庄，堀口捨己，1926年

判，他们认为，找回茅草屋顶的自然质朴是20世纪这个时代，也是现代主义的应有主题。

然而之后的现代主义建筑全面肯定了工业化，在批量生产钢铁与混凝土建筑的道路上一路狂奔。"二战"后直至整个高速成长期，二人主张的柔韧的面与线，完全被世人所遗忘。堀口被丹下健三等下一代的建筑师视为落后于时代的人文主义者，他在挫败中躲进奈良的慈光院，埋头于茶室的研究。作为茶室的研究者，堀口取得了很大的成就，然而作为建筑师却没有留下多少作品。

现在看来，德·克勒克从农具中获得灵感而设计的草绳椅，其中蕴含着工业化理论所无法容纳的人的理论、身体的理论。椅子扶手上的绳索，乍看并无美妙之处，只是随意垂挂在那里，可手臂一放上去，绳索支撑着身体绷紧了，绳索这根活着的线与活着的身体就开始了生动的对话。这是里特维尔德的硬质的面所无法产生的物与身体的对话。

密斯VS里特维尔德

施罗德住宅在20世纪初的现代主义建筑群中，有着绝对的轻盈。对于早期现代主义的杰作，人们通常首先会提起勒·柯布西

图4-7 巴塞罗那德国馆，十字形截面
的柱子
图4-8 巴塞罗那德国馆，很薄的墙

耶的萨伏伊别墅（1931年，参
见图1-7）及密斯·凡·德·罗
的巴塞罗那德国馆（1929年，参见图2-7）。可是，如果从点、线、
面的角度重新审视这些建筑，施罗德住宅会以轻盈凌驾于二者
之上。

　　萨伏伊别墅与其说是线与面的建筑，不如说是一个悬浮的体
块，只是将20世纪标准的体块建筑悬浮了起来。以简单的悬浮让人
产生"这很特别"的错觉，从这个意义上来说，柯布西耶是一个天
才。可是，"悬浮"反而让空间变成了一种贫瘠的东西。被柯布西耶
作为现代主义建筑的重要手法而提倡的空中庭院，与大地的关系很
单薄，与周围的树林是割裂的，显得贫弱而煞风景。萨伏伊别墅的
委托方曾经起诉柯布西耶的心情可以理解。尽管如此，在20世纪这
个"体块的世纪"，这个冷漠苍白的住宅被誉为"伟大的杰作"。

　　再看密斯的巴塞罗那德国馆，从柱子的细节来看，毫无疑问，
密斯对体块的分解有着不止于兴趣的执念。在普通人看来，柱
子就是线；但在密斯看来，柱子也是一个笨重的体块。要支撑重
量，要能抗震，柱子当然需要有一定的体量。然而密斯无法容忍这
一点。他的钢柱不是方管，是特意做成边缘凸起的十字形截面（图

4–7)，以此消解柱子的体块感。他用锐利的边缘线去吸引人的注意力，把有可能成为体块的柱子成功地转化成了线。

　　巴塞罗那德国馆的墙壁也非常薄。首先，石材内部砖的砌法与通常不同，砖块转了个方向，使整面墙变得非常薄，只有17厘米的厚度，看上去几乎不像一堵石墙（图4–8）。通常砖或混凝土的墙壁两侧贴上石材以后，会达到30厘米左右的厚度，看上去会非常厚重；而密斯的石墙厚度只有通常尺寸的一半，作为20世纪的"面的建筑"，薄得非常突出。作为石匠的儿子，密斯对石材的使用非常熟悉，成功地把石墙做到了常识难以想象的薄。薄薄的石墙给空间赋予了一种绷紧了般的紧张感。

　　可即便如此，比起薄得像家具一样的施罗德住宅，密斯的"薄"还是逊色的。或许可以说，在"薄"这件事上，石匠输给了做家具的工匠。然而对于我来说，施罗德住宅的薄薄的面还是太厚、太硬了一些。而且，施罗德住宅通过对线、面进行组合（构成），让整体看起来轻巧，这种构成主义式的形态操作（参见本章图4–1），这种基于理智主义、人类中心主义的刻意也令我感到厌烦。

　　构成主义可以说是一个为了掩盖20世纪体块主义的不得已的发明。点、线、面自由轻快地组合在一起，就像在跳舞一样；构成越自由，就越显现出创作者作为"绝对者"的恣意，暴露出理智主义的可憎面目。构成主义反而强调了构成元素的重量和厚度。就像康定斯基在《点·线·面》中详细阐述构成主义的方法的那部分内容，乏味而令人生厌。

在撒哈拉遇到贝都因人的布

蒂姆·英戈尔德在《线的文化史》中指出，线有两种，一种是单纯的线（thread），一种是作为轨迹的线（trace）。德·克勒克用在椅子扶手上的草绳是活着的线，也就是英戈尔德所说的单纯的线。同样，我觉得面也分两种。一种是作为轨迹的面，也就是记述了某种痕迹的死了的面；另一种是在空间里自由飞舞的活着的面。里特维尔德的面是很薄的，但我感觉那是死了的面。我想寻找的是活着的面，如果用量子力学的超弦理论来比喻的话，就是拥有弦一样的自由，在粒子与波的二重性之间持续振动的面。

想要得到柔韧的面，仅仅把面做薄是不够的。柔韧的面是能够在某种受力、某种作用下翩翩起舞的面，如果能够在建筑中导入这样的面，那么面或许就能成为分解沉重体块的工具。

这样想着，我突然想起了研究生时代在撒哈拉沙漠调研旅行

图4-9 东京大学,生产技术研究所,
原广司研究室,撒哈拉沙漠调研旅行

时遇到的贝都因人的帐篷。那是一种很简单的帐篷,用树枝做成的细支柱扎进沙子里,再在上面盖一块布。游牧的贝都因人用骆驼驮着树枝和布在撒哈拉沙漠里行走,严酷的气候中,帐篷上那层薄薄的膜支撑起他们的游牧生活。原广司教授带领我们六人做村落调研时,住的也是帐篷。我们把塑料支柱和尼龙薄膜的日本小帐篷装在车上,模仿贝都因人横穿了撒哈拉沙漠(图4-9)。

日本产的帐篷小巧可折叠,在移动性这点上很出色,可当我受到邀请去贝都因人的帐篷喝茶的时候,却觉得他们的布帐篷的美丽和舒适是我们的日本帐篷根本比不上的。布,似乎占据着贝都因文化的中心。沙子上铺了好几层的布,布的地面定义着他们的身体与沙漠的关系。冬天的夜晚,沙漠里的温度相当低,贝都因人在身体与沙子之间铺上多层的布,柔软地支撑着身体,对应着气温的变化,弱小的身体近旁形成了一个蚕茧般的领域。布定义着他们的身体与大地的关系,一块树枝支撑的薄薄的布定义着他们与沙漠的关系。

布出现在贝都因人日常生活的方方面面。当时全世界流行的收录机对沙漠里的居民来说好像也是一种必需品,他们用一种布包把收录机挂在肩上,实在是太漂亮了,我请求能不能转让给我一个。廉价的收录机放进那个布包里，看上去就像另一种东西。布是一种柔韧的面，有着转换生活、让世界发生变化的力量。

森佩尔VS劳吉耶

19世纪最重要的建筑理论家，戈特弗里德·森佩尔（Gottfried Semper, 1803—1879年）对布这种面，即织物，以及编织这种行为表现出了异乎寻常的关心，并建立了自己独特的建筑理论。

文艺复兴以后，"建筑是从骨架（框架）开始的"，这种想法支配了欧洲的建筑师。框架主义，即使用线的牢固组合——"框架"来阐述建筑、建造建筑成为建筑理论的主流。

框架主义的代表就是劳吉耶神父的《论建筑》（1753年），书中指出，建筑始于原木构成的骨架。如前所述，劳吉耶神父的那张《原始小屋》的插画（参见图2-3），至今仍被许多建筑教科书用来说明建筑的起源。事实上直到今天，框架结构（参见图2-17）也还是建筑结构的主流。每次看到施工现场搭建起梁柱构成的框架，心情就会有点黯然，感叹劳吉耶的框架主义至今仍是建筑的基础，仍然支配着人类创造的环境。

日本的传统木结构建筑也是梁与柱的结合，所以很容易被认为是框架结构，其实并非如此。与框架结构的不同之处在于，日本的木建筑梁与柱的连接不是牢固的刚性连接，是不用钉子也不用螺丝，仅凭木料的相互嵌合组织在一起。用森佩尔的话来说，梁与柱只是"编织"在一起。那么这种松散的连接方式，是如何在地震多发的国家延续下来的呢？

秘密就在于，梁柱之间连接着土墙、楣板、隔扇、纸门窗等各种柔性的装置。不同于砖石砌造的墙，日本的土墙是柔软的，松散地连接着梁柱，地震来了很容易开裂，似乎很不可靠。然而正是这种不可靠，能够吸收地震的力量。那些隔扇、纸门窗看起来最不可靠，但同样也能吸收地震的力量。长期以来，日本的木建筑就是凭借着这种松散、暧昧的系统，经受着地震的考验。不把房子造得太坚硬太牢固反而更能扛得住地震，这是日本人从经验的积累中抵达的解法。近来，这种柱子与柱子之间的柔性装置受到了人们的关注，得到了一个"柱间装置"的专门称呼。

在欧洲，莱茵河谷也有很大的地震断层，会发生地震，这个地区的房屋也多采用在木梁柱之间填充土墙的柔性结构系统。当地人也是通过经验的积累，总结出了与日本的木建筑同样的智慧。在现代建筑被框架主义，即幼稚的图式主义所支配之前，世界上原本存在着多种多样的"织物的建筑"，人们用编织的方法建造着柔软的建筑。

与劳吉耶式的框架主义不同，对于建筑，森佩尔有着截然不同的看法。他将建筑定义为织物，或是一种覆盖，而不是框架。他认为，即使没有框架，覆盖也是成立的。他是去框架主义的先驱者。

森佩尔产生这种想法的契机，据说来自1851年伦敦水晶宫举办的世博会上展示的一些世界偏远地带的原始村落。这是19世纪最大的国际盛会，当时森佩尔参与了展览的设计工作，接触到实际的原始住宅后受到了巨大的冲击。就像我看到贝都因人的布的居所受到了冲击，森佩尔与欧洲以外的遥远村落的相遇，让他意识到了织物的重要性，产生了"织物主义"。这可能与森佩尔的父亲从事的是纺织品行业的工作也有关系。尽管父亲经手的布，也许并不像原始村落的布那样自由而柔韧。

法兰克福的布的茶室

我也是在开始建筑实践之前接触到了贝都因人的帐篷，之后一直在想，什么时候要尝试一下那种布的建筑，那种薄而柔韧的面的建筑。可是，这样的机会很少出现。

第一次遇到这样的机会是在很久以后，就在森佩尔的祖国德国，我在美因河畔，法兰克福工艺美术博物馆的庭院里，第一次实现了布的建筑（2007年，图4-10）。

当时，博物馆的施耐德馆长一见到我就说，"想请你在博物馆的庭院里做一个茶室，"接着又说，"不过，你经常做的那种木头或土墙的建筑是不行的，这里搞破坏的汪达尔主义者很多，一晚上就会破破烂烂的。"

那是要用混凝土或厚铁板做这个茶室吗？是要去否定自己一直坚持的"负建筑""弱建筑"吗？我有点蒙，不知道该怎么回答。

回到日本我冷静了一下，想到了一个巧妙的方案。用布做一个容易组装的简易茶室，用完后折叠起来，收到仓库里去就行了。这是一个有点耍赖的思路，面对对方的进攻，我不正面对抗，利用对方的逻辑反过来给出反击。这时候重要的是，哪怕是给出了一个离奇的、接受度很低的方案，在技术层面上也要有非常可靠的依据。做好细节的研究，证明这是可实现的，不是在做梦，还要做出出色的模型。像这样，向对方充分展示"自己是认真的"，以此来动摇对方。当然，这也并不是每次都能成功的。

在下一轮讨论中，施耐德馆长对这个简易的布茶室的想法给出

图4-11 （图4-11包括右侧的2幅图）
双重膜的剖面图

了肯定的答复。前面的各种准备工作，图纸、模型这些都没有白费。

　　一个简易的布的茶室也有各种各样的做法。可以像贝都因人的帐篷那样用木头做骨架，或者像我们在撒哈拉使用的帐篷那样，在轻质的骨架上蒙上布。可是，不论是哪种骨架，要做成符合现代抗震标准的建筑物，即便上面覆盖的是布，骨架本身也会很粗壮，这样一来，骨架（框架）就成了主角，这就偏离了我想要否定劳吉耶神父的框架主义，走向森佩尔式的织物的建筑的初衷。

　　能不能做出一个以布为主角的简易建筑呢？最后，我想到了在两层膜之间注入空气的做法。这种做法，用到的材料只有布和空气，不需要骨架，布是毋庸置疑的主角。森佩尔的织物主义也许就能在现代得到实现。

　　打开空气泵的开关，在空气的力量下两层膜不断膨胀，茶室站立起来的过程也是我们想展示给观众的。对于线，我一直想追求的是不断生成的活着的线，而不是作为轨迹的死去的线；对于面，我想追求的也是活着的面，而不是已经成为痕迹的面。渐渐膨胀起来的布正是活着的面。

　　更理想的是，两层膜（图4-11）之间的空气层能起到隔热保温的作用，能够适应法兰克福寒冷的冬天。森佩尔式的织物的建筑，应该是找到适合当地环境、风土的材料，编织起来，成为一种舒适的覆盖。抛开劳吉耶主义刻板的框架，冷了就多添几层布，织物主义的根本是要灵活应变。

前文曾提及，现代计算机技术找回了加法型的建筑。文艺复兴以前曾经存在过的加法型建筑在阿尔伯蒂出现以后就消失了，以做减法为根本的贫瘠的建筑统治了世界。然而现在，计算机技术使不会完结、可以持续修改、可以不断添加补充的建筑成为可能。而相对于混凝土与减法型建筑的契合，可以叠加的布与加法型建筑是最相称的。

法兰克福的布的茶室遇到的最大困难是要找到一种能充气几百、几千次也不会劣化的布。虽然常见的穹顶式体育馆也是一种膜的建筑，但使用的膜是安装好了就不动的，不会像游牧民族的帐篷那样搬来搬去反复搭建。而且看起来也和混凝土做的穹顶一样，硬质而沉重，在里面看体育比赛，实际上也感受不到开放感。而运动会上常见的那种白色PVC薄膜的帐篷，也不具备可以反复折叠打开的耐用性。反过来想想，正是因为我们的生活本身是固化、僵化的，所以很难找到游牧民的那种柔软的布。

最终找到的是戈尔公司生产的一种名为TENARA的新材料。

图4-12 法兰克福的布的茶室, 2007年
图4-13 茶室, 内观

厚度只有0.38毫米, 比穹顶体育馆常用的膜要薄得多, 具有出色的柔软性和透光性, 即使是双层, 阳光也能充分透进来。

两层膜之间, 每间隔60厘米左右设有拉线, 拉住里外两层膜, 注入空气后, 就能成为我们想要的形状。从内部可以透过里层的膜看见夹层里的拉线, 尽管是面的建筑, 也能感受到线的细腻。

整个茶室看起来就像一颗花生米的形状 (图4-12、图4-13), 两个相连的鼓包, 一个是点茶待客的地方, 另一个是做准备工作的水屋, 中间立着屏风, 柔和地划分着空间又使整体相连 (图4-14)。

不同于施罗德住宅、巴塞罗那德国馆那些硬质的面, 布的茶室是柔性的面, 是活着的面, 能够对空间施以柔和而微妙的改变, 能够让空间自由收缩、扭曲、歪斜, 能够模糊地划分又连接起喝茶的空间与做准备的空间。就像贝都因人的帐篷里存在着各种各样的行为与生活, 活着的面, 让各种场景和行为都可以并列、重叠。

图4-14 茶室, 内观
中间安置茶炉
屏风的背后是水屋

图4-15 塔利埃森，赖特，1911年

赖特的沙漠里的帐篷

我在法兰克福的美因河畔做了一个膜的茶室，之后又在北海道的原野上做了一个膜的住宅。朋友在带广附近的大树町买了一块土地，想在那里建造一个环境实验住宅的村庄。给我的课题是，做一个能够经受得住北海道严酷的气候条件，并且对环境友好的实验性住宅。

对环境友好的住宅，换句话说，就是可持续住宅，这是当前建筑所面临的紧迫课题。选择高性能的隔热材料、在屋顶上安装太阳能发电板，都被认为是建立可持续性的优秀选项。

这些当然也都是可选项，然而隔热材料越厚，屋顶上的太阳能发电板装得越多，建筑就变得越厚重，最后变成了一个重装备型的建筑。在北海道自然的原野上生活，这样的住宅过于夸张，要说这就是未来的居住方式，到底不能令人信服。原本是要考虑地球环境的问题，却要去做如此夸张、沉闷的建筑，我的直觉、我的身体都难以接受。

在我为此烦恼的时候，有两个建筑给了我启发。其中一个就是弗兰克·劳埃德·赖特晚年在沙漠里建造的一所帐篷般的房子。

赖特因为肺不好，医生建议他搬到温暖的地方去住，以免染上

图4-16 西塔利埃森，赖特，1937年
看向花房
图4-17 西塔利埃森，室内

肺炎。喜欢走极端的赖特选择了亚利桑那州凤凰城附近沙漠中的一块土地。这位当时已经70岁的老人下决心要住在只有仙人掌的沙漠里，住在帐篷一样的房子里。

在此之前，赖特一直生活在芝加哥西北、威斯康星州的斯普林格林（Spring Green），那里也是他的出生的地方。在那里，他用砖和木头建造了自己的工作室和居所，命名为"塔利埃森"（Taliesin，图4-15）。赖特家族来自英国威尔士地区，在当地的语言中，"塔利埃森"的意思是"发光的额头"，据说语源是凯尔特神话中掌管艺术的妖精。这个命名兼有满头大汗地工作和建在山坡上的家两个意思。赖特曾经在这个美丽的绿色山村里努力生活、工作过。

然而年过七旬的赖特，突然下了一个很大的决心，夏天要住在凉爽的威斯康星，冬天要住在温暖的亚利桑那。他在亚利桑那州的沙漠里建立了新的据点，命名为"西塔利埃森"。

赖特坚持，这个沙漠里的据点必须像一个营地，他也一直把这个地方叫作营地。同时他认为，营地里的建筑必须像帐篷一样轻盈。

图4-18 cise

在沙漠里做一个帐篷般的布的建筑来生活并不是一件容易的事情，何况他已经是一个七旬老人。他使用棉质的帆布和塑料等轻薄的材料来做建筑，实现了帐篷般的柔韧（图4-16、图4-17），然而沙漠里的生活本就不易，住在膜的房子里就更加困难。赖特为何如此执着于营地的生活，如此执着于布？被要求一起住在亚利桑那沙漠里的弟子们感到很困惑，因此逃离的人也很多。

可是今天的我很能理解赖特的心情。正因为身处严酷的自然环境，才想生活在帐篷那样轻盈的建筑里，与自然融合在一起，与自然生活在一起。同样，对我而言，正因为是北海道，才必须住在帐篷里。

大树町的布的住宅

另一个给我带来启发的是北海道的原住民阿伊努人居住的房屋，当地人称为"cise"，就是"家"的意思（图4-18）。"cise"的主要建筑材料是一种名叫"熊笹[1]"的矮小竹子，丛生在北海道的原野上。"cise"的屋顶、墙面都被竹叶完全覆盖，看上去就像毛绒玩具

---

1 "熊笹"，学名sasa veitchii，一种日本原产的矮小竹子。

图4-19 米姆·草地，2011年
图4-20 米姆·草地，室内设有火塘

一样柔软、蓬松。

薄薄的竹叶本身并没有隔热性能，是许多竹叶堆叠起来形成的空气层起到了保温作用。空气本身可以隔绝热量的流失，在严寒中保护人们的生活。按照这个思路，利用两层布之间的空气层来隔热保温，再在两层布之间装上电热设备，让热空气形成有效的循环，这样做成一个帐篷般的建筑，应该能够抵御北海道的严寒，不一定非要依赖传统的保温材料。环境工程师马郡文平先生听了这个想法觉得很有新意很有趣，立刻帮我做起了计算。最终我们做了这个名叫"米姆·草地"（Memu Meadows）的实验建筑（2011年，图4-19、图4-20）——一座没有厚厚的塑料保温材料，然而拥有足够的可持续性，对环境友好的房子。没有用传统的保温材料，阳光能够直接照进房子里；房子里的光线随着日出日落变明变暗，伴随着自然的节奏，生活在原野里。我想，这种与大地合而为一的感受才是"布的建筑"的本质，也是赖特在亚利桑那的沙漠里一直寻找的真正的生活。

在"cise"中，阿伊努人没有在地面上另外再做一层地板，大地就是地板，他们直接坐在、睡在大地上。这与普通的日本住宅把地板抬高，在地面上留出通风空间的做法不同。"cise"在泥土地面的正中央设有火塘，火塘里的火无论冬夏都不会熄灭，一年到头烘烤着大地。夏季的余热会一直残留到严冬。专业的说法就是让泥土地成为一种储热设备。

阿伊努人柔软的家，是从地面慢慢温暖起来的，没有使用能动式的冷暖空调设备。这种调控环境的方式可以称为被动式空调，用这种方式建造的房屋可称为被动式建筑（passive house）。披覆着竹叶的"cise"可以说正是被动式建筑的先驱。利用这样的原理，借助坚实的大地，看似轻薄不可靠的布的建筑也能成为十分舒适的家。

仿照"cise"，我们的布的建筑——"米姆·草地"也在地面正中央安设了火塘。围着火塘，吃着眼前河里捕来的鲑鱼烤串也很惬意。"米姆·草地"的火塘连接着大地，家与大地在一起呼吸。"米姆"在阿伊努语中是泉水的意思，这一带自古以来就是泉水很多的地方。

布的建筑的有趣之处在于，布的建筑其实也是"大地的建筑"。布看上去不太可靠，但正因为不可靠，才能巧妙利用活着的大地，利用大地的"生理"，得到大地的庇护。

躺在"米姆·草地"温暖的地面上，我想起了撒哈拉沙漠帐篷里的生活。沙漠在天黑后骤然变冷，我们穿上了毛衣，然而地面直到早晨还是温暖的。隔着一块布，底下就是温暖柔软的沙子。现在，躺在撒哈拉温暖的沙子上酣睡的感受正在身体中复苏。

灾难中保护人们的"伞屋"

因为有汪达尔主义者搞破坏的风险，我们做了法兰克福的布的茶室；因为北海道的严寒，我们在原野上建起了布的实验住宅"米姆·草地"；此外，因为一连串重大自然灾害，我们在米兰做了另一个布的建筑——"伞屋"（Casa Umbrella，2008年）。

2007年，我收到了米兰三年展发来的参展邀请邮件。因为世界上灾难频发，展方给出的主题是"大家的家"（Casa per Tutti），希望参展者能提出在大灾中保护生命的新型避难住宅的设计方案。这次的策划很新颖，指定的几位建筑师各自提交设计方案后，就在三年展博物馆的庭院里直接建造出来。

2004年，苏门答腊岛近海大地震在斯里兰卡引发了巨大海啸；2005年，飓风卡特里娜带来了新奥尔良的大洪水；2008年，中国四川发生大地震，如此等等。进入2000年以后，世界发生了一系列重大自然灾害。紧接着，2011年又发生了日本"3·11"大地震。所有人都感到，地球似乎要崩溃了。

现在回想起来，20世纪自然灾害相对较少，从某种意义上来说是一个幸运的时代。进入21世纪以后，地壳运动加剧，加上地球变暖的问题，什么时候会发生什么灾难一点都不奇怪。我开始思考，在这样的大灾难时代，能不能用布给人提供保护？

布自古以来就被用来救治受伤的人。给伤口缠上绷带；用敷布给身体做热敷、冷敷；住院时床单的触感也令人记忆深刻。人越是脆弱，就越需要布这种柔韧的面。布拥有一种不可思议的治愈力。因此，贝都因人在严酷的撒哈拉沙漠中依赖着布，赖特在亚利桑那的沙漠里也执着于布。

在思考"Casa per Tutti"这个展览主题时，我忽然想到一个主意，不禁笑了起来。"casa"在意大利语中是家的意思，但在日语中是伞。能不能就做一个像伞一样的避难住宅？伞是布做的遮阳挡雨的工具，需要时就啪地打开，灵活而方便。灾难发生时，可以像撑伞一样随时搭起一个家，给身体一个安全的所在。

首先想到的是像一把巨大的伞一样的建筑。如果把伞骨加粗，在结构上也不是做不出来，可这么大的伞平时该收在哪里呢？

图4-21 富勒的穹顶研究

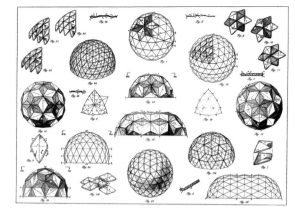

巨大的伞，骨架
需要做得很粗
壮，这也是我讨
厌的。我一向否定
框架主义，更倾向森佩尔的覆盖，一把巨大的伞显然不适合我。

　　如果要用伞，能否干脆就用许多普通的伞，连接起来做成一
个房子？大家都在自家的伞架上放上一把，一旦发生地震或海啸，
拿起伞就逃。带着这种伞的人成为伙伴，一起把伞连接起来，组装
成一个避难住宅——我脑海中浮现出这样一个故事。把伞编织起
来，这是森佩尔的织物主义；收集身边的东西做成巢，这是石蛾的
方法。这样做出来的房子，也正符合"大家的家"这个主题。弱小
的个人相互协助，普通的伞合在一起，成为大家的庇护。

富勒穹顶与建筑的民主化

　　有了故事，剩下的就是从技术上去解决它。美国的天才建筑
师、工程师、思想家巴克敏斯特·富勒曾多次做过将小单元组合起
来建造穹顶建筑的实验。他是打破方盒子建筑的先行者。从建筑
到汽车，富勒的设计对象非常广泛，从学生时代开始，他就是我崇

图4-22 与学生一起建造富勒穹顶
图4-23 蒙特利尔世博会美国馆, 富勒, 1967年

拜的英雄。富勒一直在批判"建筑师作为绝对的存在, 设计着造型特殊的建筑"这一欧洲传统精英主义建筑师形象。他致力打破阿尔伯蒂以后特权化的建筑师形象, 一生都在为草根建筑、建筑的民主化而奋斗。他创造了"地球号太空船"的概念, 最早提出了地球环境危机的警示。为了应对这个危机, 他提倡能用最少的物质获得最大空间的穹顶建筑。他运用自己擅长的数学, 证明适合穹顶结构的是正十二面体和正二十面体 (图4-21)。为了验证"谁都能自己造"的民主建筑, 他和学生们一起, 实验性地建造了许多富勒穹顶 (图4-22)。

我大学时代的恩师内田祥哉教授, 也对富勒有着极大的共鸣。内田先生对同在东京大学建筑专业任教的丹下健三持批判态度, 认为必须推翻丹下那种造型至上主义的特权建筑师形象, 为此他反复进行着各种实验和研究。在富勒接到读卖新闻社关于穹顶体育馆的设计咨询来日访问时, 内田先生担任了他的向导。二人就建筑的未来进行了探讨。受此影响, 我在学生时代也曾挑战富勒穹顶。然而实际做起来才发现, 建造一个穹顶并不像富勒说的那样简单。首先要做

图4-24 伞的穹顶结构

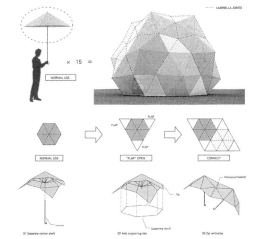

框架，做出正十二面体或正二十面体就非常困难，而且连接部位的防水也是问题。事实上，富勒穹顶并没有像富勒预测的那样被广泛应用，仅被视为一种特殊的建筑技术，用于一些特殊用途的建筑，如蒙特利尔世博会（1967年）的美国馆（图4-23）。

我感到，富勒穹顶的局限性来源于试图用劳吉耶式的框架主义来解穹顶建筑的课题。框架是图式化的，框架主义是建立在理智主义基础上的图式化思维。错综复杂的世界被图式化地简化为粗暴的框架，强行套入计算。简化为框架，头脑中产生了得解的错觉，然而框架与现实之间有着巨大的落差，构成现实的无数细小事物会像沙子一样从框架上落下。

不过，如果能做到不用框架，只用普通的伞，一把把添加上去，连成一个穹顶，这样，是不是就离富勒追求的终极的民主建筑又近了一步呢？

从源于劳吉耶神父的框架主义转向森佩尔的织物主义，是我一直在努力的方向。我决定就用伞这种普通的日用品编织一个"大家

图4-25 给伞添加了三角形的布
图4-26 伞屋上的开窗

的穹顶"，继承富勒的理想，朝着建筑的民主化走出我的一小步。

结构工程师江尻宪泰先生总是能够瞬间理解我的想法，他给我的答复是，不用框架，普通的伞连接起来就能够成立一个足够牢固的穹顶。十五把伞连成的穹顶，从几何学上来看应该也是合理的。

不过，作为构成穹顶的单元，伞需要做一些设计上的调整。通常的伞面是由六个三角形组成的六边形，这里需要给每一把伞添加三块三角形的布，否则就不能形成闭合的穹顶（图4-24、图4-25）。多加的三块布用来填补伞与伞之间的空隙，形成一个完美的穹顶结构。这样一来伞的形状会有点不可思议，但也因为伞上带有多余的布，避难时更容易找到拿着同样的伞的伙伴。三角形的布也可以成为可开合的窗户。普通的富勒穹顶是没有窗户的，伞的穹顶可以用拉链打开或关上窗户，这样也解决了通风的问题（图4-26）。

只需找到十五个伞友，把十五把伞边缘的防水拉链拉上，连接起来。伞这种廉价的日用品集中起来，就成为一个伞屋，一个可提供保护的覆盖，这正是极致的森佩尔式的、石蛾式的建筑。同富勒穹顶的骨架相比，普通的伞骨非常纤弱，整个伞屋看上去就是一个没有骨架，只有覆盖的建筑。为什么这么细的伞骨能够支撑起整个穹顶呢？

图4-27 富勒关于张拉整体的解说图
图4-28 与法国特科纳公司合作的张拉整体

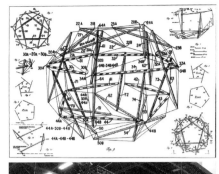

拯救地球的张拉整体

江尻先生的解答是，纤细的伞骨能够支撑起直径5.3米的穹顶，这是因为伞骨与膜互相配合，形成了一种张拉整体结构（tensegrity）。对此，他很有信心。

张拉整体结构也是富勒提出的天才结构系统，具有极高的效率。富勒的头脑中一直有着地球资源有限的危机意识。封闭的太空船里容不下随心所欲的生活。富勒凭直觉意识到，由于人口爆炸、城市扩张，地球已经是一种渺小、不可靠的存在，就像宇宙中的太空船一样。他把这样渺小而危险的地球称为"地球号太空船"。

富勒对今天的地球环境危机做出了准确预告。他的想法是，为了能够更长久地使用有限的资源，必须最大限度地提高物质的使用效率。把某种物质用作结构材料的时候，用作受拉构件是效率最高的，比如钢铁，很细的钢拉索就可以吊起沉重的石头；而用作受压构件（比如柱子），或是受弯构件（比如梁），效率就会大大

图4-29 Dymaxion House, 富勒, 1945年

降低，钢梁必须足够粗壮才能支撑沉重的石头。问题是，只有拉索是不行的，无法从地面站起来，建筑不能成立。这里，富勒的发现是，将受拉构件（拉索）和受压构件（压杆）巧妙地组合起来，可以得到效率最高的建筑。因为是利用张拉（tension）的力量来达到整体性（integrity），他为这样的系统创造了一个新名词——"张拉整体"（tensegrity，图4-27）。巧妙地利用这个魔法般的结构系统，就能实现一个仿佛是无重力状态下的建筑。

我对张拉整体结构一直很感兴趣，为此做过各种各样的实验（图4-28）。用很细的线做出强大的结构体，就像魔术一样令人着迷。可以把受压构件看作某种点一样的存在，那么，这就是一个点与线编织起来的结构系统。把石头那样的点堆砌起来做成建筑无论如何都会很沉重，转换一下思路，借用线，特别是借用线的张力，就能获得轻盈的结构体。我有一种预感，张拉整体将会改写建筑的历史。

然而不知为何，富勒在自己的富勒穹顶上没有采用这种张拉整体结构。富勒穹顶的结构系统是仅依靠框架支撑穹顶，再在框架之间填充膜或玻璃，膜或玻璃在结构上是不起作用的。看起来，天才的富勒也还是没能摆脱框架主义的束缚。

图4-30 用细绳连结内外两层膜

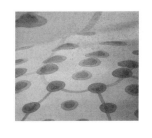

富勒是一个在各方面都想超越20世纪，却不断遭到挫折的人。他开发了一种穹顶式的住宅"Dymaxion House"（1945年，图4-29），采用工厂预制现场装配的模式，施工时间短、成本超低（当时的宣传卖点是只需要6500美元），然而没有被20世纪的美国人所接受，当时的美国人还是喜欢带有装饰的传统的方形房子，富勒也因此陷入了濒临破产的境地。

富勒出生得太早，他有许多超越20世纪的梦想，但由于20世纪技术的局限、人们兴趣的局限，他的梦想基本都破灭了。即便是以框架主义为基础的富勒穹顶，最终也没有被20世纪这个时代所接受。

而我们，试图继承富勒的思想，超越富勒的实践。我们尝试借助富勒自己的张拉整体，去超越富勒穹顶的框架主义、劳吉耶主义。我们的"张拉整体·穹顶"的特别之处在于，通常的张拉整体是以线为受拉构件，我们是以膜，即面为受拉构件。一个用线的张拉整体结构，因为线很细，几乎看不见，整个结构体看起来是轻盈透明的；而我们以面为受拉构件，这时的膜不仅仅是隔开内外空间的材料，更是一种结构材料。面，成了一种结构材料。支撑建筑的结构材料可以是一种极薄的面，这也有助于实现建筑材料的节约。

图4-31 （图4-31包括左侧的3幅图）用拉链连结伞与伞，形成白色的穹顶

细胞的张拉整体

关于张拉整体的研究在生物学领域也受到了关注。细胞生物学家唐纳德·E. 英格伯（Donald E. Ingber, 1956年— ）提出细胞具有张拉整体结构。20世纪70年代，英格伯还是耶鲁大学的学生，他看到把细胞放在培养皿上，细胞会一下子塌掉，而投入了酵素，又会圆鼓鼓膨胀起来。他开始思考原因。几天后，他偶然在设计课上了解到了富勒的张拉整体理论，直觉灵敏的他突然意识到，那个膨胀的细胞一定就是张拉整体。

如果仅把细胞看作一个里面放了啫喱的气球，就无法解释这种膨胀的现象。事实上，细胞中隐藏着一种名为细胞骨架的三维网状结构，由蛋白纤维群构成。凭借这个网状结构的拉伸力，细胞保持着它的形状。每个细胞通过被称为黏着斑的接触点与周围的基质连结在一起，细胞外部的力学环境通过蛋白纤维的网络，实时传递到细胞的各个角落。这与我们在法兰克福建造的布的茶室，两层膜与夹层间的连接线的关系很相似（图4-30）。

图4-32 伞屋穹顶下的欢庆

细胞并不是孤立的点，而是以面的拉伸力、隐藏在面里的线的拉伸力为媒介，相互连结，在重力环境中支撑起形状，与重力达成平衡妥协。富勒作为未来的结构系统所提倡的张拉整体，原本也是生物的基本原理。

再以森佩尔和劳吉耶的观点打个比方，把生物体看成一个骨架（框架）构造，这是劳吉耶主义的生物观；而森佩尔主义的生物观则是，点、线、面形成一个网络整体，共同支撑着生物体。无疑，后者才是现代生物学的方向。富勒不仅预言了建筑的未来，事实上也预言了生物学的未来。富勒的张拉整体经由英格伯，在生物学的世界里也引发了一场方向性的转变。

建造米兰的伞屋，最大的困难其实发生在去米兰之前。这种形状特殊的伞，在日本找不到能做的工厂。我们日常使用的伞都来自中国等外国的工厂。经过多方努力，我们找到了饭田纯久这位制伞艺术家。饭田做过很多伞的艺术品，有各种形状，都是手工制作。他说带拉链再加三角布的伞很简单，很痛快地接受了我们的委托。

饭田是一个人一把伞一把伞地手工制作。仅凭普通的制伞技术建造一个容纳十五人的建筑，这个前所未有的设想，说到底，全靠饭田一个人一双手。展览开幕前十五把伞能送到米兰吗？时间快到了，十五个学生等在米兰会场的草坪上，大家都很紧张。

伞是卡着时间送到的，十五个人立刻用拉链把伞与伞连结起来，眼前出现了纯白色的伞屋（图4-31）。在伞屋的穹顶下，大家开始欢庆（图4-32）。十五把伞构成的空间足够容纳十五个人的生活。玄关的伞架上放着一把特别的伞，一旦发生什么灾难，拿着它逃出去总能有救，这样想，就能放心一点。伞屋没有粗壮的骨架，就像衣服温柔地包裹着我们；柔韧的布有一种令人安心的力量，相信它一定会给我们保护。白色的膜覆盖的空间，充满柔和的白色光线，温暖而治愈。森佩尔、富勒、撒哈拉沙漠的智慧汇集在这里，在米兰的草坪上开出了花朵。

八百年后的方丈庵

为了纪念鸭长明（约1155—1216年）撰写《方丈记》八百周年，我突然受到委托，要设计一个"现代的方丈庵"。鸭长明是京都下鸭神社的神官鸭长继的次子，这次的建筑场地就在他曾经生活过的下鸭神社境内。

长明在《方丈记》里推崇"小而简陋的房子"，对他的这种思想我一直很感兴趣。天地异变、战乱饥荒接连不断的严酷时代和长明屡受挫折的人生经历，生出了他的思想和他的建筑观。

就像现在这个灾难频发的时代成为我创造"伞屋"的契机一样，糟糕的时代、悲惨的境遇，会生出新的建筑。"河水不断流淌着，不会一直是原来的水。水流静滞处浮起的水泡，此消彼长，每个水泡不会长久存在。世上的人与房屋也都跟这水泡一样。繁华美丽的都城里，房屋鳞次栉比，或贵或贱的宅邸，看起来似乎都是代代相传的。然而认真寻访起来，自古流传至今的房屋很罕见。或是去年烧毁了今年重建的，或是豪门没落了变成了小户。住着的人也同样如此，地方没有变，人还是那么多，然而过去认识的人，二三十人中只剩下了一二人。朝死夕生，世间之事原本就像不断消失又出现的水泡一样。"（《方丈记》）

我最感兴趣的是，相传长明本人住的是一种可以移动的房子。他的理想不仅仅是只有方丈（三米见方）大小的房子，据说他的这个小房子是能够放在推车上搬运的。不仅要小，还要可搬运，我也得做这样一个极致的可移动建筑，才能回应长明的思想。八百年后的方丈庵，就从这里开始了。

长明的那栋很极端的可移动建筑据说墙壁是草席做的，这也

图4-33 海参

给了我启发。房子的木框架可以拆卸了放在推车上，土墙就无法搬运了，但如果是草席，可以卷一卷随便堆上车，因为很轻，也可以直接抱走。长明住的这种木框架和草席搭出来的房子，确实是能够简单搬运的。他是巧妙运用了线与面的组合，做了一个可移动建筑。那么，我能不能做一个现代版的草席之家呢？

我们找到了一种名为ETFE（乙烯–四氟乙烯共聚物）的新型膜材来代替草席。有趣的是，这原本是一种建造温室的材料，因为廉价，也被用于一些简易建筑。然而因为质轻、强韧、透明，耐候性非常好，近年一些车站、机场、体育馆等大型建筑的屋顶也开始采用这种材料。ETFE克服了传统膜材的缺点，是一种透明玻璃般的柔韧的膜。

剩下的课题就是考虑用什么样的结构系统来支撑这层膜。搭一个木框架，再包上ETFE膜是很简单的，可这跟长明时代的做法又有什么区别呢？木框架也要做得相当粗壮才行，这就仍然没有摆脱劳吉耶式的框架主义。八百年过去了，怎样的做法才能配得上"现代的方丈庵"？我想用无框架的结构系统去做一个森佩尔式的织物般的小屋。

这时头脑中闪现的是海参的身体构造（图4-33）。海参大家都

图4-34 贴着细木条的ETFE膜
图4-35 可以像草席一样简单搬运

知道,是一种身体柔软又有弹性的生物,人们说它是"软乎乎又有骨头的东西"。海参没有脊椎动物那样的骨骼,但在显微镜下看,它的皮肤中藏着无数的骨片。海参的身体完美利用着皮肤的张力与骨片的压缩力,简直就是张拉整体结构的典范。"软乎乎又有骨头的东西",这种满是无力感的结构系统,仿佛嘲笑着劳吉耶式的陈旧骨骼,让人觉得这是一种极具未来性的东西。

我们用极细(20毫米×30毫米)的小木条做骨片。在三张透明的ETFE膜上,分别按不同角度贴上细木条(骨片),这一步是关键(图4-34)。三张膜上分别贴着不同角度的细木条(骨片),再叠合在一起,软塌塌的面立刻变成了牢固可靠的墙。这也是一种张拉整体结构。细木条这种硬质的线相互叠合,使得膜的张力有效地发挥出作用,就像细胞在张拉整体结构中保持着形状,膜也因此获得了稳定的形状。因为只是贴着同角度的细木条,每张膜可以像草席那样卷起来,轻易抱着搬走(图4-35)。也许,当年的长明就是这样抱着草席,徘徊在荒凉的城市里。

将这三层膜叠合在一起,我们没有用金属螺栓或黏合剂,用

图4-36 八百年后的方丈庵，2012年
蜉蝣般虚幻的建筑
点、线、面的回响

的是强磁铁，这也是一个发明。用螺栓或黏合剂的话，组装或拆卸都很费工夫，用磁铁就是一瞬间的事。只需将带有磁铁的面与面叠合起来，八百年后的方丈庵（2012年，图4-36）——一座像云霞雾气一般突然出现又突然消失的可移动建筑就完成了。

在《点》的章节中介绍过那位在佛罗伦萨拥有塞茵那石山的意大利石匠萨尔瓦多先生，强磁铁的用法是从他那里学来的。萨尔瓦多先生做了很久的实验，要用强磁铁把石材贴在墙壁上。通常装修用的石材都是用水泥灰浆或螺栓固定到混凝土墙壁上的，可是石材一旦上了墙，就很难拆卸下来。萨瓦尔多先生的想法是，改用磁铁来固定，这样安装、拆卸都很简单，也不会给石材带来损伤，搬家的时候可以把石材拆下来，带去新家重新装上。这个可移动装修的想法确实很有意思，很有方丈庵的意趣。不过，只搬走装修石材，不能随意带走房子，还称不上现代的方丈庵。点（磁铁）、线（细木条）、面（ETFE膜）连动起来，才能成为方丈庵。

出现在下鸭神社境内的现代的方丈庵，太过轻盈而透明，存在感如此淡薄，一不留神就会走过。那些细木条仿佛只是零散地飘浮在下鸭神社的树林里。这样地云淡风轻，那个孤僻的长明也会在林木深处心怀欢喜地看着我们吧。

这个像蜉蝣一般虚幻的建筑，是一个ETFE膜构成的面的建筑，也是一个用磁铁固定的点的建筑，还是一个以细木条为骨的线的建筑。点、线、面相互回响，相互嵌入，浮游在人的身边，护佑着人的身体。

《方丈记》之后八百年，我们再次面临着严峻的时代，然而正是这样，我们不得不抱起现代的草席，抱起强韧而温柔的面，在这个荒凉粗粝的世界里继续前行。

主要参考文献

以下为本书中提及的主要文献资料，优先记取现在比较容易找到的版本。

在正文中首次出现处带有记号*。

（附记已出版的中文版本）

方法序说

康定斯基，《点·线·面——抽象艺术的基础》，西田秀穗译，美术出版社，1959年/《从点、线到面》，宫岛久雄译，筑摩学艺文库，2017年

カンディンスキー『点線面——抽象芸術の基礎』西田秀穂訳，美術出版社，1959年/『点と線から面へ』宮島久雄訳，ちくま学芸文庫，2017年

Kandinsky W., *Punkt und Linie zu Fl: che: Beitrag zur Analyse der malerischen Elemente*, München: Verlag Albert Langen, 1926.

中文版参见：

康定斯基，《点线面——抽象艺术的基础》，罗世平译，上海人民美术出版社，1988年

康定斯基，《康定斯基论点线面》，罗世平、魏大海、辛丽译，中国人民大学出版社，2003年

康定斯基，《点线面》，余敏玲译，重庆大学出版社，2017年

詹姆斯·吉布森，《视觉世界的知觉》，东山笃规、竹泽智美、村上嵩至译，新曜社，2011年

ギブソン，ジェームズ『視覚ワールドの知覚』東山篤規，竹澤智美，村上嵩至訳，新曜社，2011年

Gibson J. J., *The perception of the visual world*, Cambridge, MA: The Riverside Press, 1950.

詹姆斯·吉布森，《生态学的知觉系统——重新捕捉感性》，佐佐木正人、古山宣洋、三屿博之监译，东京大学出版会，2011年

ギブソン，ジェームズ『生態学的知覚システム——感性をとらえなおす』佐々木正人，古山宣洋，三嶋博之監訳，東京大学出版会，2011年

Gibson J. J., *The senses considered as perceptual systems*, Boston: Houghton Mifflin, 1966.

马里奥·卡尔波，《字母和算法 基于表记法的建筑——从文艺复兴到数字革命》，美浓部幸郎译，鹿岛出版会，2014年

カルボ，マリオ『アルファベットそしてアルゴリズム 表記法による建築——ルネサンスからデジタル革命へ』美濃部幸郎訳，鹿島出版会，2014年

Carpo M., *The alphabet and the algorithm.* Cambridge, MA: The MIT Press, 2011.

雷纳·班纳姆，《第一机器时代的理论与设计》，石原达二、增成隆士译，原广司校阅，鹿岛出版会，1976年

バンハム，レイナー『第一機械時代の理論とデザイン』石原達二，増成隆士訳，原広司校閲，鹿島出版会，1976年

R. Banham, *Theory and design in the first machine age*, London: The Architectural Press, 1960.

中文版参见：

雷纳·班纳姆，《第一机械时代的理论和设计》，丁亚雷、张筱膺译，江苏美术出版社，南京，2009年

布鲁诺·拉图尔、阿尔伯纳亚内瓦，《给我一把枪，我会让所有的建筑动起来 ——从ANT的视角看建筑》，吉田真理子译，LIXIL出版官网

（http://10plus1.jp/monthly/2016/12/issue-04.php），2016年（2020年1月20日阅览）

ラトゥール，ブルーノ＆アルベナ，ヤネヴァ「銃を与えたまえ，すべての建物を動かしてみせよう——アクターネットワーク論から眺める建築」吉田真理子訳，LIXIL出版公式サイト（http://10plus1.jp/monthly/2016/12/issue-04.php）（2020年1月20日閲覧），2016年

B. Latour and A. Yaneva, "Give me a gun and I will make all buildings move: an ANT's view of architecture," in R. Geiser eds., *Explorations in architecture: teaching, design, research*, Basel: Birkhäuser, 2008.

索菲·乌达尔、港千寻，《细小的节奏——人类学家的"隈研吾"论》，加藤耕一监译，桑田光平、松田达、柳井良文译，鹿岛出版会，2016年

ウダール，ソフィー＆港千尋『小さなリズム——人類学者による「隈研吾」論』加藤耕一監訳，桑田光平，松田達，柳井良文訳，鹿島出版会，2016年

Houdart S. et Minato C., *Kuma Kengo: Une monographie décalée*, Paris: Éditions donner lieu, 2009.

希格弗莱德·吉迪恩,《新版 空间时间建筑》(复刻版),太田实译,丸善,2009年

ギーディオン、ジークフリート『新版 空間時間建築』(復刻版)太田實訳. 丸善、2009年

Giedion S., Space, *time and architecture: the growth of a new tradition*, Cambridge, MA: Harvard University Press, 1967.

中文版参见:

希格弗莱德·吉迪恩,《空间时间建筑:一个新传统的成长》,王锦堂、孙全文译,华中科技大学出版社,2014年

大栗博司,《重力是什么——从爱因斯坦到超弦理论,走近宇宙之谜》,幻冬舍新书,2012年

大栗博司『重力とは何か——アインシュタインから超弦理論へ、宇宙の謎に迫る』幻冬舎新書、2012年.

中文版参见:

大栗博司,《引力是什么:支配宇宙万物的神秘之力》,逸宁译,人民邮电出版社,2015年

雷姆·库哈斯, S, M, L, XL, 1995年

Koolhaas R., *S, M, L, XL*, NewYork: The Monacelli Press, 1995.

コールハース、レム『S, M, L, XL+——現代都市をめぐるエッセイ』(日本版オリジナル編集)太田佳代子、渡辺佐智江訳、ちくま学芸文庫、2015年.

雷姆·库哈斯,《癫狂的纽约》,铃木圭介译,筑摩文艺文库,1999年

コールハース、レム『錯乱のニューヨーク』鈴木圭介訳. ちくま学芸文庫、1999年

Koolhaas R., *Delirious New York: a retroactive manifesto for Manhattan*, New York: Oxford University Press, 1978.

中文版参见:

雷姆·库哈斯,《癫狂的纽约——给曼哈顿补写的宣言》,唐克扬译,生活读书新知三

联书店，2015年

吉尔·德勒兹，《褶皱——莱布尼茨与巴洛克》（新装版），宇野邦一译，河出书房新社，2015年

ドゥルーズ，ジル『襞——ライプニッツとバロック』（新装版）宇野邦一訳，河出書房新社，2015年

Deleuze G., *Le Pli: Leibniz et le baroque*, Paris: Les Éditions de Minuit, 1988.

中文版参考：

吉尔·德勒兹，《福柯 褶子》，于奇智、杨洁译，湖南文艺出版社，2001年

沃尔夫林，《文艺复兴与巴洛克——意大利巴洛克样式的成立与本质的研究》，上松佑二译，中央公论美术出版，1993年

ヴェルフリン『ルネサンスとバロック——イタリアにおけるバロック様式の成立と本質に関する研究』上松佑二訳，中央公論美術出版，1993年

Wölfflin H., *Renaissance und Barock: eine Untersuchung über Wesen und Entstehung des Barockstils in Italien*, München: T. Ackermann, 1888.

中文版参见：

沃尔夫林，《文艺复兴与巴洛克》，沈莹译，上海人民出版社，2007年

点

德勒兹、加塔利，《反俄狄浦斯——资本主义与分裂症》（上下），宇野邦一译，河出文库，2006年

ドゥルーズ&ガタリ『アンチオイディプス——資本主義と分裂症』（上下）宇野邦一訳，河出文庫，2006年

Deleuze G.et Guattari F., *L'anti-Œdipe*, Paris: Les Éditions de Minuit, 1972.

赖特，《赖特的遗言》，谷川正己、谷川睦子译，彰国社，1966年

ライト『ライトの遺言』谷川正己，谷川睦子訳，彰国社，1966年

Wright F.L., *A Testament*, NewYork: Horizon Press, 1957

赖特，《自传——一种艺术的形成》，樋口清译，中央公论美术出版，1988年

ライト『自伝──ある芸術の形成』樋口清訳、中央公論美術出版、1988年

Wright F.L., *An autobiography*, NewYork: Duell, Sloan and Pearce, 1943.

中文版参见:

赖特，《一部自传: 弗兰克劳埃德赖特》，杨鹏译，上海人民出版社，2014年

线

勒·柯布西耶，《走向建筑》，吉阪隆正译，鹿岛研究所出版会，1968年

ルコルビュジエ『建築をめざして』吉阪隆正訳、鹿島研究所出版会、1968年

Le Corbusier, *Vers une architecture*, Paris: Les Éditions G.Crès et Cie, Collection de "l'Esprit nouveau," 1923.

中文版参见:

柯布西耶，《走向新建筑》，陈志华译，商务印书馆，2016年

柯布西耶，《走向新建筑》，杨志德译，江苏科学技术出版社，2014年

柯布西耶，《走向新建筑》，陈红译，江苏凤凰文艺出版社，2021年

勒·柯布西耶，《当大教堂是白色的时候》，生田勉、樋口清译，岩波文库，2007年

ルコルュジエ『伽藍が白かったとき』生田勉、樋口清訳、岩波文庫、2007年

Le Corbusier, Q*uand les cathédrales étaient blanches*, Paris: Librairie Plon, 1937.

格雷戈·林恩，《点描画法》，*SD──space design* 398号，鹿岛出版会，1997年11月

リン、グレッグ「点描画法」『SD── space design』398号、鹿島出版会、1997年11月

蒂姆·英戈尔德，《线──线的文化史》，工藤晋 译，左右社，2014年

インゴルド、ティム『ラインズ──線の文化史』工藤晋訳、左右社、2014年

Ingold, T., *Lines: a brief history*, London: Routledge, 2007.

石川九杨，《笔蚀的构造──书写的现象学》，筑摩学艺文库，2003年

石川九楊『筆蝕の構造──書くことの現象学』ちくま学芸文庫、2003年

图版出处一览

★号为隈研吾建筑都市设计事务所提供的图片

方法序说

图1-1　密斯·凡·德·罗, 弗里德里希大街的摩天大楼方案

克莱尔·兹默曼,《密斯·凡·德·罗》, TASCHEN, 2007年

クレア・ジマーマン『ミース・ファン・デル・ローエ』TASCHEN, 2007年

图1-2　弗斯卡利别墅 (Villa Foscari "La Malcontenta")

柯林·罗,《柯林·罗建筑论选集——样式主义与现代建筑》, 伊东丰雄、松永安光译, 彰国社, 1981年

コーリン・ロウ『コーリン・ロウ建築論選集 マニエリスムと近代建築』伊東豊雄, 松永安光訳, 彰国社, 1981年

图1-3　康定斯基,《构成 Ⅷ》

汉斯·康拉德·罗瑟等编,《康定斯基全油彩总目录1916—1944　2》, 西田秀穗、有川治男译, 岩波书店, 1989年

ハンス・K・レーテル他編『カンディンスキー全油彩総目録 1916—1944 2』西田秀穂, 有川治男訳, 岩波書店, 1989年

图1-4　格雷戈·林恩, 卡迪夫海湾歌剧院竞赛方案

GREG LYNN FORM, edited by G.Lynn and M.Rappolt, NewYork: Rizzoli International Publications, 2008

图1-5　1938年制造的幻影海盗船 (Phantom Corsair)

CAR GRAPHIC 1973年12月号

图1-6　马雷在1882年前后用摄影枪拍到的飞翔的鹈鹕

图1-7　萨伏伊别墅

隈研吾,《小建筑》, 岩波新书, 2013年

隈研吾『小さな建築』岩波新書, 2013年

图1-8　贯通萨伏伊别墅中心的坡道

二川幸夫编,《勒·柯布西耶 萨伏伊别墅 法国普瓦西 1928—1931世界现代住宅全集05》, A.D.A. EDITA Tokyo, 2009年

二川幸夫編『ル・コルビュジエサヴォア邸 フランス, ポワッシー 1928–31世界現代住宅全集05』A.D.A. EDITA Tokyo, 2009年

图1-9　杜尚,《下楼梯的裸女, No.2》

松浦寿辉,《表象与倒错——艾蒂安-朱尔斯·马雷》, 筑摩书房, 2001年

松浦寿輝『表象と倒錯———エティエンヌ=ジュール・マレー』筑摩書房, 2001年

图1-10　昌迪加尔的州议事堂

C. Jencks, *Le Corbusier and the tragic view of architecture,* Cambridge, MA: Harvard University Press, 1973

图1-11　杭州灵隐寺山门的屋檐

康定斯基,《点·线·面——抽象艺术的基础》, 西田秀穗译, 美术出版社, 1959年

カンディンスキー『点·線·面———抽象芸術の基礎』西田秀穂訳, 美術出版社, 1959年

图1-12　上海龙华塔

同上

图1-13　Nexus World中雷姆·库哈斯设计的建筑

摄影: 萩原诗子

点

首页　中国美术学院民艺博物馆★

摄影: Eiichi Kano

图2-1　山西省佛光寺大殿

日本建筑学会编,《东洋建筑史图集》, 彰国社, 1995年

日本建築学会編『東洋建築史図集』彰国社, 1995年

图2-2　帕特农神庙

日本建筑学会编,《西洋建筑史图集 (三订版)》, 彰国社, 1981年

日本建築学会編『西洋建築史図集(三訂版)』彰国社, 1981年

图2-3　劳吉耶的《原始小屋》

《建筑史》, 编辑委员会编著,《建筑史日本·西洋——精编版》, 彰国社, 2009年

「建築史」編集委員会編著『建築史日本·西洋———コンパクト版』彰国社,

撮影: Mitsumasa Fujitsuka

图2-16 范斯沃斯住宅

同前《密斯·凡·德·罗》

前揭『ミース・ファン・デル・ローエ』

图2-17 框架结构

图2-18 不用空调的做法★

摄影: Mitsumasa Fujitsuka

图2-19 嵌入切割成薄片的卡拉拉白色大理石★

摄影: Mitsumasa Fujitsuka

图2-20 透过石头的光线充满馆内★

摄影: Mitsumasa Fujitsuka

图2-21 窗玻璃上留有透镜般的圆形凸起

© Böhringer Friedrich https://en.wikipedia.org/wiki/Crown_glass_(window)/

（2020年1月20日阅览）

图2-22 育婴堂

福田晴虔，《意大利·文艺复兴建筑史笔记 1 布鲁内莱斯基》，中央公论美术出版，2011年

福田晴虔『イタリア・ルネサンス建築史ノート〈1〉ブルネッレスキ』中央公論美術出版，2011年

图2-23 洛伦佐图书馆大厅

克里斯托夫·鲁伊特伯德·弗罗梅尔，《意大利·文艺复兴的建筑》，稻川直树译，鹿岛出版会，2011年

クリストフ・ルイトポルト・フロンメル『イタリア・ルネサンスの建築』稲川直樹訳，鹿島出版会，2011年

图2-24 水晶宫

同前《建筑史日本·西洋》

前揭『建築史日本・西洋』

图2-25 圣母百花大教堂的大穹顶

同前《意大利·文艺复兴的建筑》

前揭『イタリア・ルネサンスの建築』

图2-26 带拱肋（框架）的双层穹顶

同前《布鲁内莱斯基》

前揭『ブルネッレスキ』

图2-27 巨柱

http: //mitani-gumi.com/blog/15237（2020年1月20日阅览）

图2-28 双层带拱肋的穹顶

铃木博之编，《图说年表/西洋建筑的样式》，彰国社，1998年

鈴木博之編『図説年表／西洋建築の様式』彰国社、1998年

图2-29 临时脚手架

三谷组官网http: //mitani-gumi.com/blog/15237（2020年1月20日阅览）

图2-30 错位砌砖，转换为线

http: //florencedome.com/1/post/2011/06/ the-centering-problems.html（2020年1月20日阅览）

图2-31 圣母百花大教堂的鱼骨式砌砖

乔瓦尼·法内利，《意大利·文艺复兴的巨匠们7 布鲁内莱斯基》，儿屿由枝译，东京书籍，1994年

ジョヴァンニ・ファネッリ『イタリア・ルネサンスの巨匠たち 7ブルネレスキ』児嶋由枝訳、東京書籍、1994年

图2-32 插入穹顶中的鱼骨

"Discovered: Scale Model of Florence Cathedral Dome," *Peregrinations: Journal of Medieval Art and Architecture* 4, 1（2013）

图2-33 塑料水箱的路障★

图2-34 水砖★

图2-35 印笼式连接

同前《小建筑》

前揭『小さな建築』

图2-36 欧洲的砖砌建筑

https://bvslight.msbexpress.net/ins/help/Suite/fields/ Masonry.htm（2020年1月20日阅览）

图2-37 石蛾的巢

小桧山贤二，《小桧山贤二写真集TOBIKERA》，CREVIS，2019年

小檜山賢二『小檜山賢二写真集TOBIKERA』クレヴィス、2019年

川泰司译, 美术出版社, 2001年

ジェイ・ボールドウィン『バックミンスター・フラーの世界――21世紀エコロジー・デザインへの先駆』梶川泰司訳, 美術出版社, 2001年

图2-56 耶鲁大学美术馆

a+u 1983年11月临时增刊号

『a+u』1983年 11月臨時増刊号

图2-57 孟加拉国议会大厦

同上

图2-58 福禄贝尔的积木玩具

N. Brosterman, *Inventing kindergarten*, New York: H.N.Abrams, 1997

图2-59 TSUMIKI★

图2-60 莲屋★

摄影: Daici Ano

图2-61 莲屋的洞石幕墙★

摄影: Daici Ano

图2-62 Aore长冈★

摄影: Erieta Attali

图2-63 侧面看曲折的墙★

摄影: Mitsumasa Fujitsuka

图2-64 《长冈城的面影・十二月岁暮祝仪诸士拜谒图》, 槙神明宫藏

「十二月歳暮御祝儀諸士一列にて拝謁の図」所蔵: 槙神明宮

图2-65 布基纳法索, 布格的村落, 聚合式住宅的样貌

东京大学, 生产技术研究所, 原广司研究室藏

所蔵: 東京大学, 生産技術研究所, 原広司研究室

图2-66 布基纳法索, 布格的村落, 俯瞰图

东京大学, 生产技术研究所, 原广司研究室藏

所蔵: 東京大学, 生産技術研究所, 原広司研究室

线

首页 白桦与苔藓, 透风的森林教堂★

摄影: device Sekiya

图3-1　朗香教堂

W. Boesiger, *Le Corbusier œuvre complète Vol. 6 1952-57*, Zurich: Éditions d'architecture, 1957

图3-2　桂离宫

日本建筑学会编，《日本建筑史图集（新订第2版）》，彰国社，2007年

日本建築学会編『日本建築史図集（新訂第2版）』彰国社，2007年

图3-3　陶特，桂离宫的速写

布鲁诺·陶特，篠田英雄编译，《画帖桂离宫》，岩波书店，1981年

ブルーノ·タウト，篠田英雄編訳『画帖桂離宮』岩波書店，1981年

图3-4　日向邸

曼弗雷德·斯派达尔，Sezon美术馆编著，《布鲁诺·陶特 1880—1938》，Treville，1994年

マンフレッド·シュパイデル，セゾン美術館編著『ブルーノ·タウト 1880–1938』トレヴィル，1994年

图3-5　细竹子排列的墙壁与灯具

同上

图3-6　勒·柯布西耶，"300万人的现代城市"

W. Boesiger, et O. Stonorov, *Le Corbusier œuvre complète Vol. 1 1910-29*, Zurich: Éditions d'architecture, 1937

图3-7　勒·柯布西耶，"沃埃森计划"

同上

图3-8　香川县政厅

香川县政厅五十周年纪念项目组，《香川县政厅 1958》，ROOTS BOOKS，2014年

香川県庁舎50周年記念プロジェクトチーム『香川県庁舎1958』ROOTS BOOKS，2014年

图3-9　日本传统木结构建筑的剖面

四宫照义、镰田好康、林茂树、森兼三郎、松田稔，《石井町的民居》，《阿波学会研究纪要乡土研究发表会纪要》第32号

四宮照義，鎌田好康，林茂樹，森兼三郎，松田稔「石井町の民家」『阿波学会研究紀要郷土研究発表会紀要』第32号

图3-10　直角网格

图3-11　栈瓦屋顶

藤井惠介监修，《日本的家 1近畿》，讲谈社，2004年

藤井恵介監修『日本の家 1近畿』講談社，2004年

图3-12　国立代代木体育馆★

图3-13　群马县立现代美术馆

《新建筑》1975年1月号

『新建築』1975年1月号

图3-14　克劳德-尼古拉斯·勒杜，"美德殿"

埃米尔·卡夫曼，《三位革命性的建筑师——布雷、勒杜、莱奎》，白井秀和译，中央公论美术出版，1994年

エミール・カウフマン『三人の革命的建築家ブレ，ルドゥー，ルクー』白井秀和訳，中央公論美術出版，1994年

图3-15　爱媛县综合科学博物馆

《新建筑》1995年1月号

『新建築』1995年1月号

图3-16　撒哈拉沙漠调查旅行

东京大学，生产技术研究所，原广司研究室藏

所蔵：東京大学，生産技術研究所，原広司研究室

图3-17　盖尔公园

Le Corbusier, *GAUDÍ*, Barcelona: Ediciones Polígrafa, S.A., 1967

图3-18　盖尔公园里具有透明感的屏风

同上

图3-19　盖尔达耶房屋聚落的样子

东京大学，生产技术研究所，原广司研究室藏

所蔵：東京大学，生産技術研究所，原広司研究室

图3-20　修拉，《格兰坎普海景》

图3-21　岸纪念体育会馆

诞生一百年·前川国男建筑展实行委员会监修，《建筑家前川国男的工作》，美术出版社，2006年

生誕100年·前川國男建築展実行委員会監修『建築家前川國男の仕事』美

術出版社, 2006年

图3-22 丹下自宅

丹下健三、藤森照信,《丹下健三》,新建筑社, 2002年

丹下健三、藤森照信『丹下健三』新建築社, 2002年

图3-23 原爆堂计划

白井晟一,《无窗》,晶文社, 2010年

白井晟一『無窓』晶文社, 2010年

图3-24 节日广场

《建筑业协会奖50年——通过获奖作品看建筑 1960—2009》,新建筑社, 2009年

『建築業協会賞50年——受賞作品を通して見る建築 1960—2009』新建築社, 2009年

图3-25 北村住宅

栗田勇监修,《现代日本建筑师全集3吉田五十八》,三一书房, 1974年

栗田勇監修『現代日本建築家全集3吉田五十八』三一書房, 1974年

图3-26 千代田生命总部大厦的茶室

摄影: 伊原洋光(hm+architects)

图3-27 帝国饭店的茶室, 东光庵

《村野藤吾 TOGO MURANO 1964—1974》,新建筑社, 1984年

『村野藤吾 TOGO MURANO 1964→1974』新建築社, 1984年

图3-28 "和小屋"的骨架

内田祥哉,《从细节谈建筑》,彰国社, 2018年

内田祥哉『ディテールで語る建築』彰国社, 2018年

图3-29 北村住宅的隔断

摄影: 岩崎泰(岩崎建筑研究室)

撮影: 岩崎泰(岩崎建築研究室)

图3-30 新喜乐

吉田五十八作品集编辑委员会编,《吉田五十八作品集》,吉田初枝, 新建筑社, 1976年

吉田五十八作品集編集委員会編『吉田五十八作品集』吉田初枝, 新建築社, 1976年

图4-5　茅草屋顶的住宅

堀口捨己，《建筑论丛》，鹿岛出版会，1978年

堀口捨己『建築論叢』鹿島出版会，1978年

图4-6　紫烟庄

日本建筑学会编，《新订现代建筑史图集》，彰国社，1976年

日本建築学会編『新訂近代建築史図集』彰国社，1976年

图4-7　巴塞罗那德国馆，十字形截面的柱子

摄影：作者

图4-8　巴塞罗那德国馆，很薄的墙

同前 *GA* 75

前掲『GA』75

图4-9　东京大学，生产技术研究所，原广司研究室，撒哈拉沙漠调研旅行

东京大学，生产技术研究所，原广司研究室藏

所蔵：東京大学，生産技術研究所，原広司研究室

图4-10　法兰克福工艺美术馆的图录

A. Machowiak, D.Mizielinski und D. Stroinska, *Treppe, Fenster, Klo: Die ungewöhnlichsten Häuser der Welt*, Frankfurt: Moritz Verlag-G mbH, 2010

图4-11　双重膜的剖面图

同前《小建筑》

前掲『小さな建築』

图4-12　法兰克福的布的茶室★

摄影：Antje Quiram

图4-13　茶室，内观★

摄影：Antje Quiram

图4-14　茶室，内观★

摄影：Antje Quiram

图4-15　塔利埃森

弗兰克·劳埃德·赖特，《弗兰克·劳埃德·赖特——给建筑师的信》，丸善，1986年

フランク・ロイド・ライト『フランク・ロイド・ライト——建築家への手紙』丸

图4-32　伞屋穹顶下的欢庆★

图4-33　海参

123RF.COM

图4-34　贴着细木条的ETFE膜★

图4-35　可以像草席一样简单搬运★

图4-36　八百年后的方丈庵★

后　记

　　本书的写作始于对20世纪大量生产的混凝土体块建筑的批判，那么怎样才能让体块解体，做出粒子的集合体般的轻盈的建筑？

　　其中，建筑与物理学的关联是我思考的一个主题。在所有的建筑设计中，都存在一个空间概念的根本性问题，即关于"空间究竟是什么"的定义。空间概念同时也是物理学的基础。基于某个时代固有的空间概念，物理学者进行着思考，建筑师也进行着设计。回顾历史，物理学者的发现经常改变着空间概念，新的空间概念刺激建筑师，促成新的建筑设计。而建筑师的设计也可能成为物理学者的灵感，带来物理学上的新发现。各个领域相互刺激，相互共振，空间概念随着时代变化至今。

　　现代主义的领袖们宣称，20世纪现代主义建筑的空间概念是时间与空间相融合的爱因斯坦的相对论，然而实际上，他们是以18世纪确立的牛顿力学为模型的，即物体或人在空洞中遵循单一的物理法则运动。我觉得，正是这种极其欧洲式的、一神教式的模型造成了20世纪乏味而非人性化的城市与建筑。在物理学领域，且不说牛顿，就连否定了牛顿的爱因斯坦都已经成为过去式，量子力学的相对的空间、时间概念已经成为共识。如何将量子力学的世界建筑化，是我最关心的事情。那是对欧洲式的、一神教式的世界观的"超克"。我想，这样的新的建筑设计将会以亚洲为先导吧。

在这样的历史框架中，期待《点·线·面》中文版的出版能成为一块引玉之砖。

隈研吾

2021年10月